Beiträge zur graphischen Feuerungstechnik

Von

Wa. Ostwald
Energielabor, Großbothen i. S.

Mit 39 Abbildungen im Text und 3 Tafeln

Springer-Verlag Berlin Heidelberg GmbH

1920

Additional material to this book can be downloaded from http://extras.springer.com.

ISBN 978-3-662-24475-3   ISBN 978-3-662-26619-9 (eBook)
DOI 10.1007/978-3-662-26619-9

Vorrede.

Merkwürdigerweise sind die bekannten Vorzüge graphischer Darstellungen und graphischen Rechnens in der wissenschaftlichen und technischen Chemie noch sehr wenig benutzt worden, obwohl die Einfachheit der meisten chemischen Gesetze dies besonders nahe legt. Abgesehen von Nickel's anscheinend ohne Nachfolger gebliebenen Versuchen in der Zeitschrift für physikalische Chemie[1]), Mendelejeff's bekannter, aber kaum wirklich benutzter Darstellung des periodischen Systems der Elemente und der gelegentlichen Benutzung von Dreieckskoordinaten nach Willard Gibbs bei modernen Physikochemikern für die Sonderzwecke von Dreistoffsystemen (Wilhelm Ostwald, van't Hoff, Roozeboom, Mathesius u. a.) finden graphische Darstellungen[2]) kaum Verwendung. Abgesehen ist hierbei natürlich von den lediglich Interpolationszwecken dienenden Siedekurven und ähnlichen Behelfen.

Besonders klare und einfache Verhältnisse liegen nun bei den Gasgesetzen vor. Äußere Umstände veranlaßten mich, graphische Methoden für Verbrennungsgase usw., zunächst Auspuffgase von Kraftwagen zu entwickeln. Die ganz überraschende Erleichterung und die unerwartet großen praktischen Erfolge der so bewirkten graphischen Auswertung der Auspuffanalyse führten zur Erweiterung der Methoden, insbesondere für die allgemeine feuerungstechnische Abgasanalyse.

Diese in den verschiedensten Zeitschriften zerstreut veröffentlichten Arbeiten haben sehr großes Interesse gefunden, das ich nach Erschöpfung der (bei einer Arbeit sogar neuaufgelegten) Sonderdrucke nicht anders zu befriedigen vermag, als durch die vorliegende überarbeitete Zusammenstellung der wichtigsten älteren Arbeiten mit einigen noch unveröffent-

---

[1]) IX (1892), S. 709 ff und folgende Bände.

[2]) Erwähnt seien die allerdings sehr stark abstrahierenden „Leitlinien" von Wilhelm Ostwald, die sog. „Chemie ohne Stoffe".

1*

lichten neuen. Obwohl die Arbeiten durch Ergänzungen, Änderungen und Streichungen zusammengepaßt wurden, hat sich doch eine gewisse Ungleichmäßigkeit und eine große Unvollständigkeit des Inhaltes nicht vermeiden lassen. Es liegt dies u. a. daran, daß die ganze Angelegenheit selbst auf dem engen Sondergebiet ihrer praktischen Anwendung auf die Feuerungstechnik sich noch durchaus in der Entwicklung befindet.

So kann ich nur hoffen, daß das vorliegende kleine Buch als Anregung das gleiche freundliche Interesse finden möge, wie auf Veranlassung der Wärmestelle in Düsseldorf von mir in Dortmund und Essen gehaltene Vorträge aus dem gleichen Gebiete, und daß vor allem die graphochemischen Methoden selbst weit über das Sondergebiet der Feuerungstechnik hinaus rasch zu derjenigen aussichtsvollen Entwicklung schreiten mögen, die sie nach den bisherigen Anfängen versprechen.

Die teilweise geringe Genauigkeit einiger Abbildungen bitte ich damit zu entschuldigen, daß mir selbst mein eines und mangelhaftes Auge die bessere Ausführung verbietet, die von der Verlagsbuchhandlung in dankenswerter Weise bewirkten Umzeichnungen naturgemäß aber nicht genauer sein können, als die Originale.

Der Verlagsbuchhandlung schulde ich viel Dank für die Hingabe, mit der sie alle Schwierigkeiten bei der Herausgabe dieses kleinen Buches überwand.

Großbothen i. Sa., Energielabor. 10. 9. 19.

Wa. Ostwald.

Inhaltsverzeichnis.

Tafeln:

   I. Rechentafel zur Auspuffanalyse: Benzol (rechtwinkliges
     Dreieck).
  II. Rechentafel zur Auspuffanalyse: Benzin (schiefwinkliges
     Dreieck).
 III. Der feuerungstechnische Rechenkörper (Abwicklung).

Literatur.

1. Bücher.

d'Ocagne, Traité de nomographie.
Runge, Graphische Methoden.
v. Pirani, Graphische Darstellung in Wissenschaft und Technik.
Wilhelm Ostwald, Lehrbuch der Allgemeinen Chemie. II. S. 984
    (1896—1902).
Mathesius, Eisenhüttenwesen.
Vakraft II, Referat 2, Merkblatt für Vergasereinstellung (1918).
Strache, Gasbeleuchtung und Gasindustrie.

2. Aufsätze.

Wa. Ostwald, Feuerungstechnik 1919, Heft 7, S. 53ff.
— Chem.-Ztg. (Coethen) 1918, S. 365ff.; 1919, Nr. 31, Nr. 52 usw.
— Stahl u. Eisen 1919, Nr. 23.
— Zeitschr. f. Elektrochemie 1919, Nr. 15/16.
— Zeitschr. des Vereins Deutscher Ingenieure 1919, S. 411ff.
— Allgemeine Automobil-Zeitung 1918 u. 19.
— Motorfahrer 1916—19.
— Mitteilungen der Kraftfahrer-Vereinigung Deutscher Ärzte. Nr. 102
    S. 973ff. 1918/19.
— Zeitschr. f. angew. Chemie XXXII. 1919.
— Autotechnik 1919.

1. Allgemeines zur Rauch- und Abgasanalyse.

Es ist wohlbekannt, daß die Einfachheit der Gasgesetze es ermöglicht, bei vollständiger Verbrennung von Brennstoffen, welche wesentlich aus Kohlenstoff, Wasserstoff und Sauerstoff zusammengesetzt sind, auf einfachem rechnerischen oder graphischen Wege aus den Verbrennungsprodukten (Rauchgasen, Auspuffgasen) auf das Verhältnis der Ausgangsstoffe Rückschlüsse zu ziehen. Hierauf beruht die weitverbreitete Rauchgasanalyse. Eine der einfachsten Rechentafeln dieser Art ist von Strache[1]) angegeben worden. Sie ermöglicht, für beliebiges Kohlenstoff-Wasserstoff-Verhältnis des Brennstoffes aus dem Kohlensäuregehalt direkt den Gehalt an freiem Sauerstoff in Prozenten abzulesen.

Unbefriedigend werden solche Methoden aber sofort, wenn unvollständige Verbrennung eintritt. Die direkte analytische Bestimmung des entstehenden Kohlenoxyds (Wasserstoff, Methan usw. entstehen in der Regel in zu geringen Mengen, um Bestimmung oder Berechnung zu lohnen) ist unbeliebt und unsicher. Die Berechnung ist nicht ganz einfach. Die „Faustregel", für jedes nach der Kohlensäure- und Sauerstoffbestimmung im Diagramm der vollständigen Verbrennung „fehlende" Prozent Kohlensäure 2% Kohlenoxyd anzunehmen, ist zu ungenau.

In diesen Verhältnissen dürfte der Grund dafür zu suchen sein, daß zwar unzählige technische Abgasanalysen gemacht werden — ihre wirkliche Auswertung aber meist unterbleibt. Erfahrene Praktiker stellen sich schließlich auf den Standpunkt, überhaupt nur noch den Kohlensäurewert zu bestimmen und für diesen einen Höchstbetrag anzustreben. Ein solches Verfahren ist aber zweideutig. Denn die Abweichung vom Höchstbetrag kann sowohl durch Luft- wie durch Brennstoffüberschuß herbeigeführt worden sein. Es ist also zu wirklich nutzbringender Abgasanalyse die Ver-

---

[1]) Strache, Gasbeleuchtung und Gasindustrie (Braunschweig 1913) S. 66.

folgung der durch die Kohlenoxydbildung charakterisierten Unvollständigkeit der Verbrennung unerläßlich.

Zwingend wird diese Forderung geradezu bei flüssigen Brennstoffen und ganz besonders bei der Analyse der Auspuffgase von Verbrennungsmaschinen. Hier tritt gewohnheitsmäßig unvollständige Verbrennung in großem Umfange ein — Kohlenoxydmengen von 10% der Auspuffgasmenge sind keine Seltenheit —, so daß schon die einfachsten hygienischen und wirtschaftlichen Forderungen zur Abstellung solcher Verhältnisse zwingen. Es kommt maßgebend hinzu, daß Verpuffungsmotoren hinsichtlich ihrer Leistungsfähigkeit und Betriebssicherheit entscheidend vom Mischungsverhältnis beeinflußt werden, dergestalt, daß

1. 20% Luftüberschuß wirtschaftlichsten Betrieb (d.h. meiste PS-Stunden je Kilogramm Brennstoff) und größte Betriebssicherheit,

2. 10% Luftüberschuß Höchstleistungsbetrieb (d. h. meiste PS je Zylinder),

3. weniger als 10% Luftüberschuß oder gar Luftmangel Sinken des Wirkungsgrades und der Leistung, vor allem aber die Mehrzahl der Betriebsstörungen (Ölkohle, Zündungsstörungen, Verölen usw.) erfahrungsgemäß veranlaßt

und deshalb das Anstreben eines Höchstwertes der Kohlensäure durchaus irreführend ist.

Es kommt hinzu, daß bei Motoren und Feuerungen Unvollständigkeit der Verbrennung durchaus nicht auf das Mischungsverhältnis allein zurückzuführen ist. Auch ein richtig zusammengesetztes Gemisch kann[1] ganz erhebliche Kohlenoxydbildung zeigen, wenn aus irgendwelchen Gründen (bei Motoren mangelnde Vorwärmung, schlechte Zündung usw., bei Feuerungen zu rasche Abkühlung der Flamme usw.) die Bedingungen vollständiger Verbrennung nicht gegeben sind[2]. Alle diese Verhältnisse zwingen dazu, die Gasanalyse so vollständig zu machen, daß sie

1. das Brennstoff-Luft-Verhältnis und

2. die Verbrennungsgüte (Vollständigkeit der Verbrennung) angibt. Hierzu reichen die Bestimmung von Kohlensäure und Sauerstoff mit Hilfe von Kalilauge und Pyrogallol aus,

---

[1] ein „zu fettes", d. h. luftarmes Gemisch muß natürlich CO-Bildung zeigen.

[2] Gleiches gilt auch für luftreiche Gemische.

wenn sie einigermaßen genau angestellt werden. Die Auswertung dieser Bestimmungen auf Mischungsverhältnis und Verbrennungsgüte kann rechnerisch geschehen. Da diese Methode aber ziemlich umständlich und zeitraubend ist, seien nachstehend verschiedene Rechentafeln beschrieben, welche sehr rasche und ausreichend genaue Auswertung ermöglichen.

Es ist bisher üblich gewesen, das Mischungsverhältnis durch den Luftüberschuß zu charakterisieren und in Prozenten derjenigen Luftmenge auszudrücken, welche zur vollständigen Verbrennung des betreffenden Brennstoffes stöchiometrisch sich berechnet.

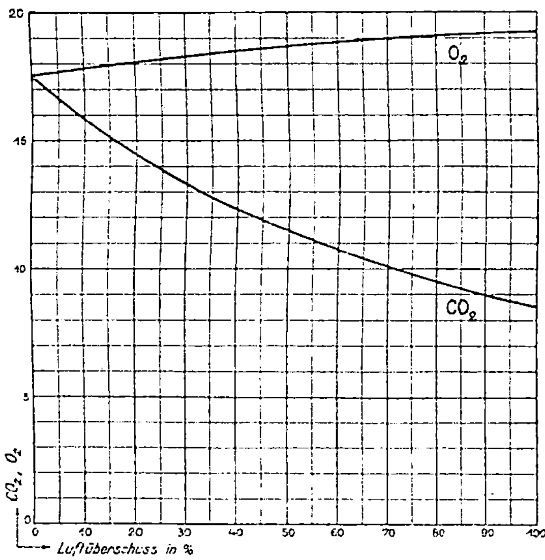

Abb. 1. Kohlensäure und Sauerstoff bei der vollständigen Verbrennung von Benzol.

Beginnen wir damit (vgl. Abb. 1), für einen beliebigen Brennstoff den Gehalt an Kohlensäure bei vollständiger Verbrennung in Abhängigkeit vom prozentischen Luftüberschuß aufzutragen, so erhalten wir eine gekrümmte Kurve zweiten Grades. Der Gehalt an freiem Sauerstoff im Rauchgase ergibt (vgl. Abb. 2) eine ähnliche Kurve zweiten Grades. Die Summe von Kohlensäure und Sauerstoff (vgl. Abb. 1), welche man gasanalytisch sehr einfach in einer einzigen Operation bestimmen könnte, ist natürlich auch eine Funktion des Luftüberschusses, doch zeigt uns die diese Summenfunktion darstellende O_2-Kurve in Abb. 1, daß diese Kurve höheren Grades viel zu wenig mit dem Luftüberschuß variiert, um eine genaue Bestimmung zuzulassen. Die Summenfunktion von Kohlensäure und Sauerstoff ist also als zu unempfindlich für unsere Zwecke zu verwerfen.

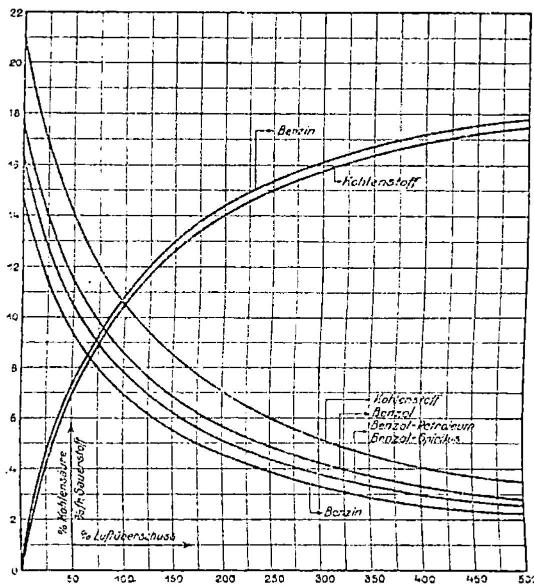

Abb. 2. Kohlensäure- und freier Sauerstoffgehalt bei vollständiger Verbrennung verschiedener Brennstoffe mit verschiedenem prozentischen Luftüberschuß.

Macht man den Versuch, für Brennstoffe verschiedener Zusammensetzung die Gehalte an Kohlensäure und freiem Sauerstoff in der gleichen Weise vergleichbar aufzutragen (vgl. Abb. 2), so findet man, daß erhebliche Verschiedenheiten bei der Kohlensäure sich zeigen, während die Kurven des freien Sauerstoffs sehr eng aufeinanderfallen. Vollständige Verbrennung vorausgesetzt, kann man also, auch wenn man die chemische Zusammensetzung des Brennstoffes nicht sehr genau kennt, aus dem Gehalt der Rauchgase an freiem Sauerstoff allein einen recht genauen Rückschluß auf den Luftüberschuß ziehen. Für einfache

Rauchgasapparate würde also die Bestimmung des
Sauerstoffs allein (etwa mit Phosphor) sehr viel bessere
Ergebnisse zeitigen als die heute übliche Kohlensäure-
bestimmung, welche die Kenntnis der Zusammensetzung
des Brennstoffes und die rechnerische Berücksichtigung
dieser Kenntnis voraussetzt.

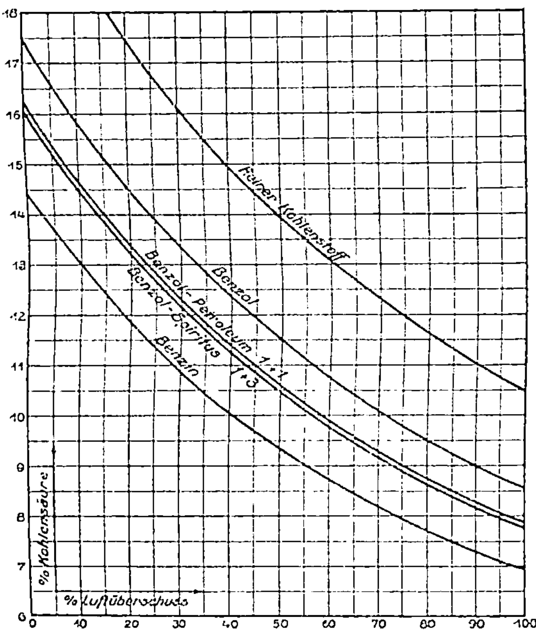

Abb. 3. Kohlensäuregehalt bei vollständiger Verbrennung von verschiedenen Brennstoffen mit verschiedenem Luftüberschuß.

Ist andererseits die Zusammensetzung des Brennstoffes
bekannt, so zeigt unsere Abb. 2, daß die Kohlensäure-
bestimmung nicht nur analytisch bequemer, sondern auch
tatsächlich ein wenig genauer zu dem gewünschten Ziele
führt.

Man wird sich in solchem Falle, wo vollständige Verbrennung sicher ist, Kurvenblätter für das in Betracht
kommende Teilgebiet nach Art von Abb. 3 herstellen.

Für Übersichtsrechnungen und ähnliche Zwecke
empfiehlt es sich, den Kohlensäuregehalt bzw. den
Sauerstoffgehalt in Beziehung zur Zusammen-

setzung des Brennstoffes (z. B. zum Verhältnis Wasserstoff zu Kohlenstoff, wobei vorhandener Sauerstoff zusammen mit der äquivalenten Wasserstoffmenge abgezogen wird) zu setzen und eine Kennlinienschar gleicher Luftüberschüsse entstehen zu lassen, wie Abb. 4 dies zeigt.

Bei allen diesen Tafeln stört die gekrümmte Beschaffenheit der entstehenden Kennlinien. Diese verschwindet,

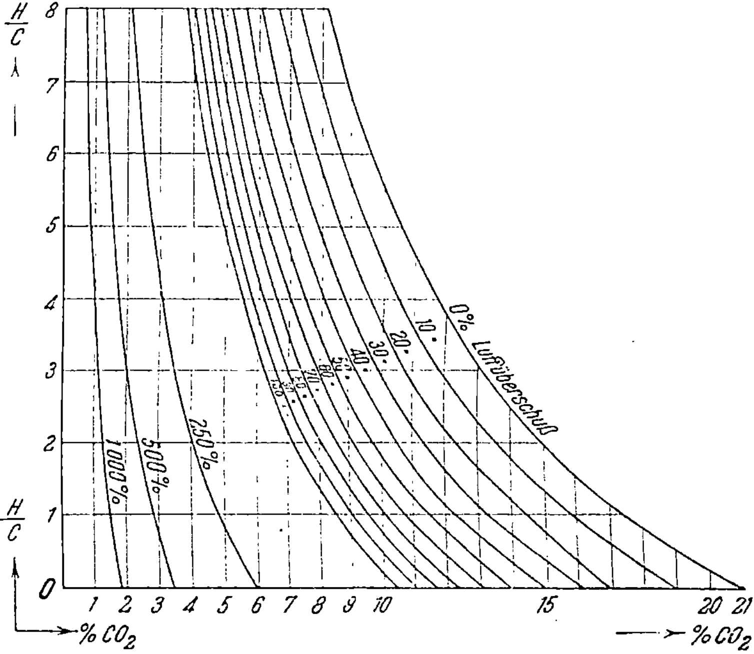

Abb. 4. Kohlensäuregehalt und Brennstoffzusammensetzung bei vollständiger Verbrennung und verschiedenem Luftüberschuß.

sobald man den prozentischen Luftüberschuß, welcher allein die Ursache der Krümmung ist, verschwinden läßt. Setzt man beispielsweise gemäß Abb. 5 Kohlensäure und Sauerstoff bei vollständiger Verbrennung direkt zueinander in Beziehung, dann ergibt sich für jeden Brennstoff[1]) eine gerade Linie, welche die Zusammensetzung der

---

[1]) Für Kohlenstoff, weil $(CO_2 + O_2)$ bei vollständiger Verbrennung konstant ($= 21\%$) sind; für andere Brennstoffe aus dem entsprechenden Grunde, daß $(aCO_2 + O_2)$ konstant und gleich 21% ist.

Rauchgase für jeden gegebenen Kohlensäure- oder Sauerstoffgehalt angibt. Hat man beispielsweise Kohlensäure bestimmt,
so kann man für das betreffende Rauchgas und den betreffenden
Brennstoff den freien Sauerstoff berechnen und umgekehrt.
Hat man Kohlensäure und Sauerstoff beide bestimmt, dann
muß bei vollständiger Verbrennung der Punkt auf der
Geraden des betreffenden Brennstoffes liegen. Man kann
also hieraus entweder feststellen, ob die Verbrennung vollständig oder unvollständig war, oder aber man kann, wenn
die Verbrennung bestimmt vollständig war, aus der Rauch-

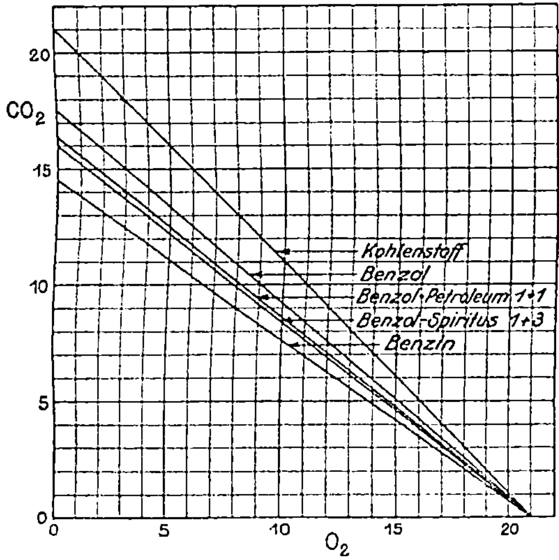

Abb. 5. Kohlensäure und Sauerstoff bei vollständiger Verbrennung.

gasanalyse die Zusammensetzung des Brennstoffes in bezug
auf Wasserstoff und Kohlensäure feststellen.

Trägt man in diese Tafeln gemäß Abb. 6 die Werte
für verschiedenen Luftüberschuß ein, so findet man,
wie die prozentische Luftüberschußskala zu einer quadra-
tischen Funktionsskala zusammengeht (vgl. Abb. 6). Die
gesamten Abgase der denkbaren Kohlenwasserstoffe liegen
innerhalb eines rechtwinkligen Dreieckes. Jeder Brennstoff
ist durch eine gerade Linie dargestellt. Die prozentischen
Luftüberschüsse liegen auf geraden Linien, welche einander
aber nicht parallel sind[1]). Als Ordinaten kann man statt der

---

[1]) Vgl. auch Abschnitt IV a (feuerungstechnischer Rechenkörper),
S. 26 ff.

gleichmäßig geteilten Kohlensäureskala quadratische Funktionsskalen für das Verhältnis H_d/C des disponiblen Wasserstoffes zu Kohlenstoff oder für den (reduzierten) Prozentgehalt des disponiblen[1]) Wasserstoffes überhaupt anbringen.

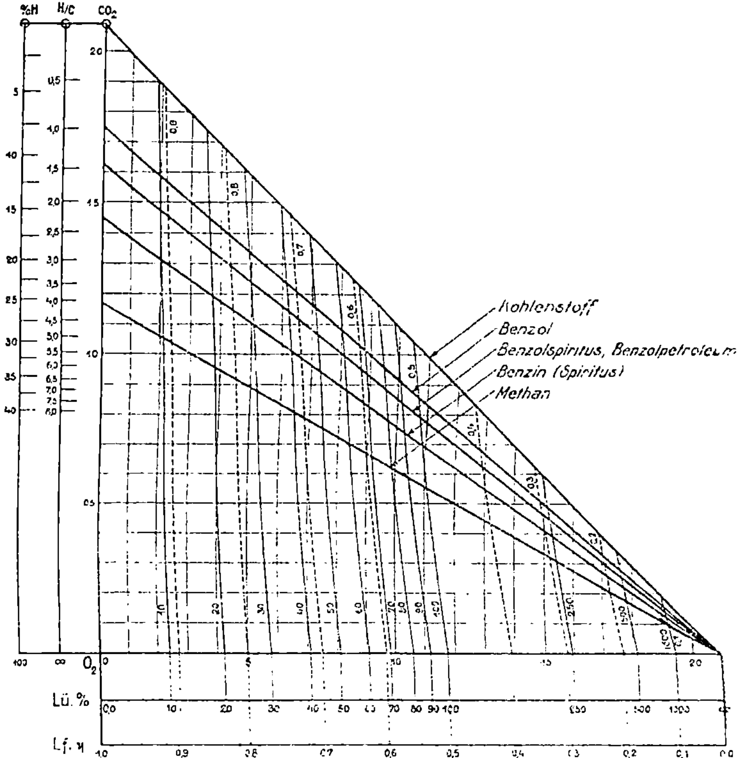

Abb. 6. Kohlensäure, Sauerstoff, prozentischer Luftüberschuß und Luftfaktor bei vollständiger Verbrennung (zugleich Parallelprojektion des feuerungstechnischen Rechenkörpers auf die Ebene des C-Dreieckes).

Eine große weitere Vereinfachung ist aber ferner dadurch möglich, daß man den Begriff des prozentischen Luftüberschusses α durch den mathematisch bequemeren und auch praktisch vorstellbaren Begriff des Luftfaktors η ersetzt.

An Stelle des prozentischen Luftüberschusses α ist bereits

---

[1]) Für Alkohol C_2H_6O also: $C_2H_6O - H_2O = C_2H_4$; $\dfrac{H_d}{C} = \dfrac{4}{2} = 2$.

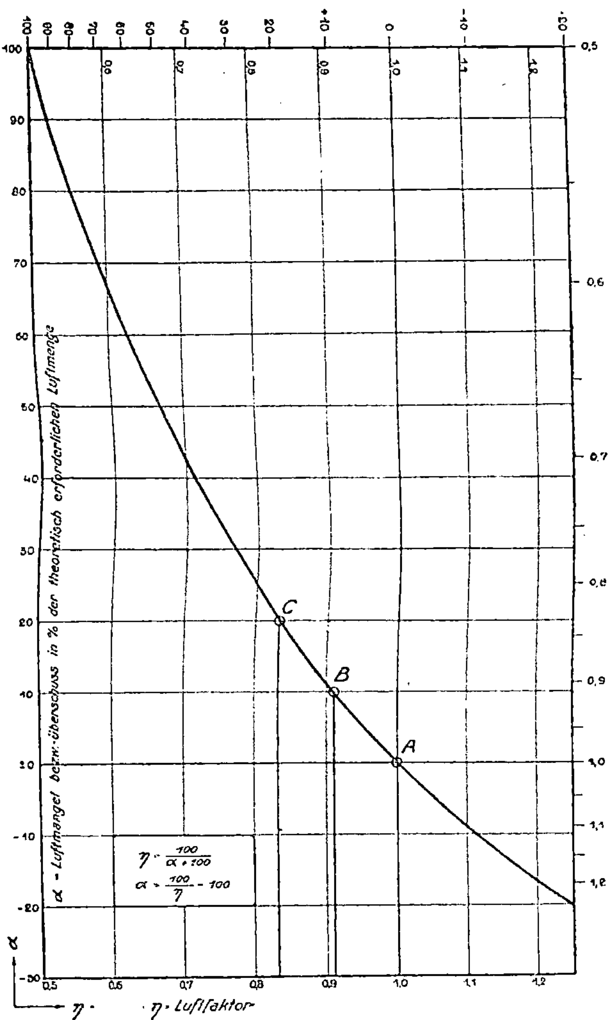

Abb. 7. Zusammenhang zwischen proz. Luftüberschuß α u. dem Luftfaktor η.

vielfältig[1]) die Luftzahl ε benutzt worden, welche sich definiert als Verhältnis der tatsächlich gebrauchten Luftmenge zur stöchiometrisch berechneten Luftmenge: $\varepsilon = L/L_{chem}$.

---

[1]) z. B. von Neumann, Untersuchung des Arbeitsprozesses im Fahrzeugmotor, Mitt. üb. Forsch.-Arb. d. Ver. dtsch. Ing. Heft 79, S. 16 (1909).

Die Einführung dieser Größe ergibt keine erheblichen Vereinfachungen. Hingegen ergeben sich sofort große Vereinfachungen, wenn man den reziproken Wert dieser Größe, den bisher anscheinend merkwürdigerweise nicht benutzten Luftfaktor η einführt, welcher definiert ist als Verhältnis der stöchiometrisch berechneten Luftmenge zur wirklich benutzten Luftmenge: $\eta = L_{\text{chem}}/L$.

Der Luftfaktor η wird groß, wenn das Gemisch fett ist, also ein geringer Luftüberschuß oder gar Luftmangel eintritt. Je magerer das Gemisch wird, je größer der Luftüberschuß, je größer die Luftmenge ist, um so kleiner wird η.

In Abb. 6 ist der Luftfaktor η unten eingeführt und ergibt sofort eine gleichmäßige Teilung[1]) über die ganze Rechentafel. Die Luftfaktorlinien laufen parallel den Linien gleicher prozentischer Luftüberschüsse.

Um mit Hilfe der Rechentafel Abb. 6 für einen beliebigen Brennstoff die Linien vollständiger Verbrennung zu ziehen, braucht man nur in den Ordinaten entweder den berechneten höchsten Kohlensäuregehalt oder das Verhältnis H_d/C oder den Prozentgehalt an disponiblem Wasserstoff (nach Abzug von Sauerstoff und äquivalentem Wasserstoff) aufzusuchen und die Gerade zu ziehen. Man findet dann auf der Geraden durch die α- und η-Linienschar sofort die gewünschte Luftüberschuß- und Luftfaktorteilung, während das gewöhnliche Koordinatennetz Sauerstoff und Kohlensäure ablesen läßt.

Als Hilfstafel für solche Rechnungen sei noch Abb. 7 gegeben, die als Kennlinie und Funktionsskalen den Zusammenhang zwischen α und η darstellt. Bei A ist die stöchiometrische Gemischzusammensetzung gegeben. B stellt mit 10% Luftüberschuß bzw. dem Luftfaktor 0,91 das Höchstleistungsgemisch für Motoren, und C mit 20% Luftüberschuß oder Luftfaktor $\eta = 0,83$ das wirtschaftlichste Gemisch für Verbrennungsmotoren dar.

---

[1]) Für praktische Zwecke ist die Teilung gleichförmig und sind die η-Linien parallel. Den Nachweis dafür, daß beides nicht genau zutrifft, verdanke ich Herrn Prof. Seufert von der Wärmestelle Düsseldorf. Bei Gichtgas und ähnlichen Brennstoffen kann die Lf-Teilung sehr ungleichmäßig werden. — Überhaupt lassen die Überlegungen dieses Abschnittes sich nicht ohne weiteres auf gasförmige Brennstoffe, wie Gichtgas, Leuchtgas usf., übertragen (vgl. Lage von Wasser- und Generatorgas im feuerungstechnischen Rechenkörper S. 29).

2. Die Methode der übergebreiteten Netze.

Nunmehr sind die Verhältnisse derart vereinfacht, daß man über das Gebiet der Rechentafel Abb. 6 hinaus an folgende zwei neuen Aufgaben herantreten kann:

1. die Erscheinungen der unvollständigen bzw. schlechten Verbrennung,
2. die Erscheinungen des Luftmangels.

Diese zwei Tatsachengebiete, welche einander teilweise überdecken, sind eindeutig bestimmt durch die stöchiometrischen Gesetze und durch die Überlegung, daß unvollständige Verbrennung ihre Ursache nur so weit in äußeren Umständen haben kann, als sie durch die Gemischzusammensetzung nicht schon erzwungen ist.

Wir sehen bereits aus Rechentafel Abb. 6, daß es mit anderen bisherigen Mitteln nicht möglich sein wird, hierfür eine gemeinsame Rechentafel aufzustellen, welche Brennstoffe beliebiger Zusammensetzung umfaßt. Vielmehr ist es notwendig, Sonderrechentafeln für jeden besonderen Brennstoff bzw. jede besondere Brennstoffzusammensetzung oder -mischung herzustellen. Anderenfalls würden wir nicht in den zwei Dimensionen des Papiers bleiben können, sondern räumliche Gebilde darzustellen haben, was natürlich praktisch zu Unmöglichkeiten führt[1]). Andererseits sind die einzelnen Rechentafeln nicht schwer herzustellen und vergelten durch Vielfältigkeit der Aussagen und Bequemlichkeit der Benutzung die Mühe für die besondere Herstellung.

Allgemein betrachtet haben unsere Rechentafeln die Aufgabe, folgende vier Variablen in Abhängigkeit zueinander darzustellen:

1. Mischungsverhältnis oder Luftüberschuß oder Luftfaktor des Ausgangsgemisches,
2. Verbrennungsgüte oder Betrag an Kohlenoxyd,
3. Kohlensäuregehalt der Abgase,
4. Gehalt der Abgase an freiem Sauerstoff.

Näher bezeichnet lautet die Aufgabe so, daß je zwei dieser Variablen beide anderen vollständig bestimmen. Es ist vollkommen gleichgültig, welche zwei dieser Variablen wir kennen. Stets können wir rechnerisch oder graphisch die eine, andere oder beide anderen daraus ableiten. In der Regel liegt der Fall so, daß wir analytisch Kohlensäure und

---

[1]) Vgl. aber Abschnitt IV, S. 25 ff.

freien Sauerstoff bestimmen und die beiden anderen Variablen daraus kennenlernen wollen.

Es gibt nun mannigfache graphische Möglichkeiten, diese Rechnungen auszuführen. Am bequemsten ist es, zwei Variable ein kartesisches Koordinatennetz bilden zu lassen und hierüber in der folgerichtigen Schiefwinkligkeit das Koordinatennetz für die beiden anderen Variablen zu breiten. Man sucht dann in dem Koordinatennetz der gegebenen beiden Variablen den hierdurch bestimmten Punkt auf, den man dann in bezug auf das zweite Koordinatennetz abliest.

Eine Rechentafel dieser Art für Benzol zeigt unsere Abb. 8[1]. Solche Rechentafeln wurden vom Verfasser für die Einregelung von Kraftwagenvergasern ausgearbeitet und haben sich (ebenso wie die weiter folgenden Rechentafeln) vortrefflich in den Händen von dazu ausgebildeten Kameraden bewährt, die außer ihrem gesunden Menschenverstand und guten Kenntnissen des Kraftwagens keinerlei sonstige Vorbildung mitbrachten.

Die Tafeln enthalten im kartesischen Koordinatennetz als Ordinaten Prozente Kohlensäure, als Abszissen Prozente Sauerstoff. Die Ordinaten hören mit dem maximalen Kohlensäuregehalt[2] (hier für Benzolverbrennungsgase 17,5%) auf

---

[1] Während die Textabbildungen nur ein verkleinertes Bild von Rechentafeln wiedergeben können, sind die Abb. 8 und 9 diesem Hefte in der Größe beigegeben, wie sie vom Verfasser für die Auspuffanalyse bei Kraftwagenmotoren praktisch benutzt worden sind. Diese Rechentafeln sind zur Einstellung von mit Benzin bzw. Benzol betriebenen Verpuffungsmaschinen ohne weiteres anwendbar, wenn man bei verschiedener Belastung und verschiedenen Drehzahlen genommene Auspuffgasproben mit dem Orsatapparat auf Kohlensäure und Sauerstoff untersucht. Die Herausgabe weiterer Rechentafeln für andere Brennstoffe und andere Zwecke befindet sich in Arbeit. (Vgl. auch Dieterich-Wa. Ostwald, Die Analyse der Kraftstoffe, Verl. d. Mitteleurop. Motorw.-Vereins 1920, Kapitel: Auspuffanalyse.)

[2] Die Berechnung von $CO_{2\,max}$ geschieht wie folgt:

$$O_{2\ \text{ür C-Verbr.}} + O_{2\ \text{für H-Verbr.}} = 21\% \tag{1}$$

$$O_{2\ \text{für H-Verbr.}} : O_{2\ \text{für C-Verbr.}} = H_{\text{in Atom-}\%} : 4\,C_{\text{in Atom-}\%} \tag{2}$$

Da nun

$$CO_{2\,max} = \frac{O_{2\ \text{für C-Verbr.}}}{79 + O_{2\ \text{für C-Verbr.}}}\%, \tag{3}$$

so ergibt sich durch Substitution von (1) und (2) in (3):

$$CO_{2\,max} = \frac{21}{100 + 19,7\,H/C} = \frac{21}{100 + 235\%\,H/\%\,C}\%.$$

Über die Benutzung von $CO_{2\,max}$ vgl. in K. Dieterich, Analyse der Kraftstoffe (Verlag des Mitteleurop. Motorw.-Vereins) das Kapitel: Wa. Ostwald, Auspuffanalyse.

und führen in gerader Linie bis zu dem maximalem Sauerstoffgehalt von 21% (vgl. auch Abb. 6). Es entsteht so ein
Dreieck, das alle denkbaren Möglichkeiten umfaßt. Gemäß
Abb. 6 können Kohlensäure und Sauerstoffgehalt bei vollständiger Verbrennung niemals größer werden, als durch
dieses Dreieck zugelassen; liegen vielmehr alle Auspuffgase
bei vollständiger Verbrennung auf der Dreieckshypotenuse.

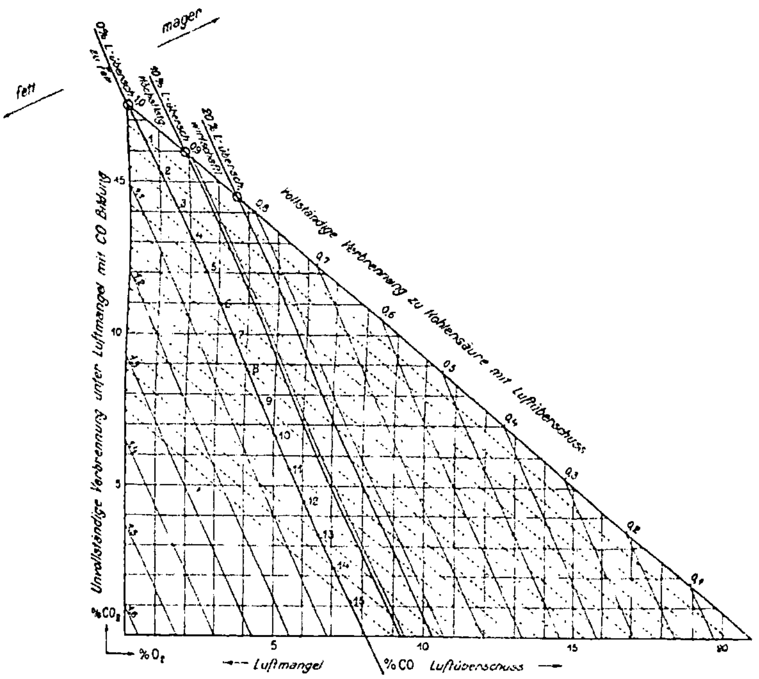

Abb. 8. Rechentafel für vollständige und unvollständige Verbrennung
von Benzol.

Sowie die Verbrennung unvollständig wird, müssen natur-
notwendig Kohlensäure bzw. Sauerstoff kleiner werden;
muß der Punkt also in das Dreieck hineinrücken, und zwar
um so mehr, je unvollständiger die Verbrennung ist. Die
punktierten Parallelen zur Dreieckshypotenuse sind direkt
die Prozente Kohlenoxyd.

Andererseits kann man mit leichter Mühe die einander
parallel liegenden Geraden gleichen Luftüberschusses bzw.

gleichen Luftfaktors konstruieren oder berechnen und einzeichnen. Es entsteht so das über das kartesische Koordinatennetz übergelegte schiefwinklige Koordinatennetz, das alle erforderlichen Ablesungen ermöglicht.

Die Luftfaktorlinienschar enthält in der durch die Dreiecksspitze gehenden Nullinie eine „ausgezeichnete" Linie insofern, als alles, was rechts davon liegt, mehr Luft besitzt, als sich stöchiometrisch berechnet, während links davon stöchiometrisch Luftmangel herrscht.

Zunächst also gewährt das Dreieck insofern eine Sicherheit, als jeder Punkt, der außerhalb des Dreiecks zu liegen kommt, darauf hinweist, daß entweder ein Analysenfehler (Undichtigkeit des Orsats od. dgl.) vorliegt oder daß die Rechentafel und die Gasanalyse nicht zum selben Brennstoff gehören.

Sodann ist man in der Lage, durch die Lage des Punktes festzustellen, ob die Verbrennung vollständig ist (wenn der Punkt auf der Hypotenuse liegt) oder nicht (wenn der Punkt ins Dreieck fällt). Weiter läßt die Rechentafel ohne weiteres den Luftfaktor bzw. das Mischungsverhältnis oder den prozentischen Luftüberschuß ablesen. Beim Autovergaser weiß man beispielsweise sofort, ob man die Düse zu verkleinern oder zu vergrößern hat und auch ungefähr, um wieviel.

Endlich gibt die Rechentafel nicht nur Auskunft darüber, wieviel Prozent Kohlenoxyd in den Verbrennungsgasen enthalten sind, sondern stellt gleichzeitig fest, ob dieses Kohlenoxyd zwangsweise durch zu fettes Gemisch, durch Luftmangel, entstanden ist oder ob das Verhältnis von Brennstoff und Luft sachgemäß war und andere Ursachen für die unvollständige Verbrennung verantwortlich gemacht werden müssen.

Es kostet einige Mühe, sich zum ersten Male in die beiden übereinander gelegten Koordinatennetze dieser Rechentafeln hineinzufinden, und merkwürdigerweise habe ich beobachtet, daß studierte Leute dabei mehr Mühe haben als der unbefangene Unstudierte. Sodann aber läßt sich mit aller Geschwindigkeit die Rechentafel mit allerbestem Erfolge anwenden.

Die gleiche Grundlage der übereinander gelegten Koordinatensysteme führt umgekehrt angewendet zu der fast noch bequemer anwendbaren Rechentafelart, für die Abb. 9, „Benzin", ein Beispiel gibt[1]). Hier bilden Kohlen-

---

[1]) Siehe Fußnote auf Seite 18.

oxyd oder Verbrennungsgüte einerseits und Luftfaktor mit
angesetzter Funktionsskala für prozentischen Luftüberschuß
andererseits das rechtwinklige Koordinatensystem, während

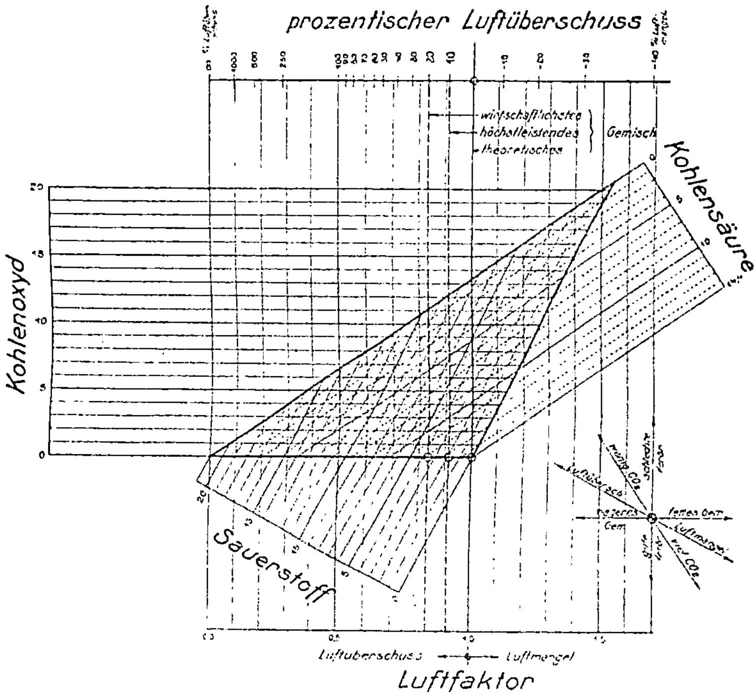

Abb. 9. Rechentafel für vollständige und unvollständige Verbrennung
von Benzin.

Sauerstoff und Kohlensäure in das schiefwinklige verwiesen
sind. Die Rechentafel ist so einfach zu benutzen, daß auf eine
besondere Schilderung ihrer Eigenart verzichtet werden kann.

3. Fluchtlinientafeln.

Ebensowohl wie durch das kartesische System kann man
die hier vorliegenden Verhältnisse natürlich auch durch
Fluchtlinientafeln etwas besonderer Art darstellen, für
welche Abb. 10 ein Beispiel, „Benzol", gibt. In der Benutzung
sind diese Fluchtlinientafeln einfacher als die Dreieckstafeln.
Allerdings benötigt man ein Lineal, während bei den Dreieckstafeln ein Bleistift oder ein Streichholz ausreicht.

Die Sicherheit gegenüber analytischen Fehlern usw. ist bei der Fluchtlinientafel (Abb. 10) durch die Begrenzung der Skalenlängen gegeben. Immerhin sind Linienkoordinaten natürlich nie so übersichtlich für die Beurteilung der gesamten Erscheinung wie kartesische Koordinaten, weil das Wandern eines Punktes leicht vorstellbar ist, die geistige Verfolgung der Entwicklung einer Schar von Geraden hingegen besondere Übung voraussetzt.

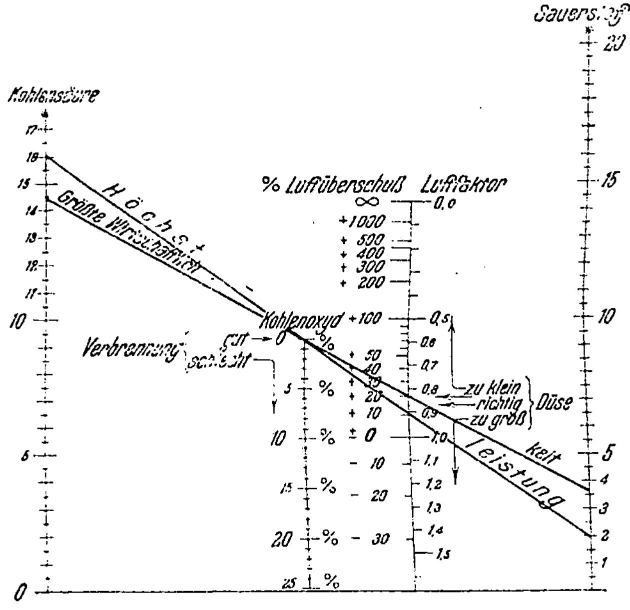

Abb. 10. Fluchtlinien-Rechentafel für vollständige und unvollständige Verbrennung von B e n z o l.

Es dienen, in anderen Worten, Punktkoordinaten vorteilhaft dazu, Funktionen zu verfolgen, — Linienkoordinaten dazu, Rechnungen auszuführen. Die folgeweise Veränderung etwa der Luftschieberstellung drückt sich in Punktkoordinaten als zu einer K u r v e zusammengehende Punktreihe aus, während den die einzelnen Aufgaben lösenden Geraden der betr. Fluchtlinientafel ein solches Verstellungselement abgeht: Wir sind gewohnt, in Punkten, nicht in Linienbüscheln zu denken.

Im allgemeinen bestimmt man gasanalytisch auch bei

Fluchtlinientafeln Kohlensäure- und Sauerstoffgehalt und liest danach Verbrennungsgüte und Mischurgsverhältnis aus der Tafel ab. Doch kommen auch die umgekehrten Fälle vor. Endlich hindert natürlich nichts, auch andere Eigenschaften, wie Wassergehalt, Rauminhalt, Dichte der Auspuffgase, in den Rechentafeln darzustellen. Auf diese Weise werden für Brennstoffe beliebiger Zusammensetzung von Kohlenstoff und Wasserstoff Rechentafeln entworfen, welche beim Einregeln und Nachprüfen von Teerölfeuerungen und Generatorgasfeuerungen, sowie von Verbrennungsmotoren für flüssige Brennstoffe oder Sauggas u. dgl. Anwendung finden können. Hingegen ist bisher noch keine Rechentafel für feste Brennstoffe angegeben worden, obwohl sie für die Überwachung jeglicher Feuerung bei Dampfkesseln, Kuppelöfen, Koksgeneratoren, Hochöfen usw. von größter Bedeutung wäre. Zwar fällt hier Wasserstoff als Bestandteil von Brennstoff und Luft zahlenmäßig nicht ins Gewicht, was scheinbar die Aufgabe vereinfacht, da man für reinen Kohlenstoff[1]) natürlich eine Rechentafel für vollständige und unvollständige Verbrennung mit Leichtigkeit entwerfen kann; dagegen schien die Notwendigkeit, für jeden Aschegehalt des Brennstoffes eine neue Rechentafel aufzustellen, ein ernstes Hindernis für die Benutzung dieses sonst so förderlichen Hilfsmittels zu bieten.

Eine einfache Berechnung ergibt aber, daß es keineswegs nötig ist, das Ergebnis unmittelbar auf den Aschegehalt zu leiten. Wenn man eine Tafel benutzt, welche das Ergebnis für reinen Kohlenstoff ablesen läßt, dann kann man dieses mit einer einfachen Nebentafel zeichnerisch ohne weiteres auf beliebigen Aschegehalt umrechnen. Eine einfache Fluchtlinientafel dieser Art ist in der Abb. 11[2]) wiedergegeben. Die Teilungen I, II, III und IV ergeben, wenn man zwei bekannte oder gemessene Punkte mit einem Lineal verbindet, die gesuchten beiden anderen Größen. Die Werte der Teilung III werden auf Aschegehalt umgerechnet, indem man von dem gefundenen Werte der Teilung III wagerecht bis zum gegebenen Aschegehalt vordringt und erneut abliest. Soll umgekehrt das Mischungsverhältnis bei gegebenem Aschegehalt vorgeschrieben sein, so verfährt man umgekehrt. Selbstverständlich kann die Nebentafel auch eine neue

---

[1]) Über eine Fluchtlinientafel mit Berücksichtigung des Wasserstoffgehaltes vgl. Abschn. IV b, S. 22 ff.

[2]) In der leider die Beschriftung der Nebentafel unrichtig ist. (Es sind nicht cbm Luft/kg Kohle, sondern willkürliche Einheiten.)

Fluchtlinientafel sein. Auch ist es leicht möglich, in die Fluchtlinientafel Rauchgasinhalte und andere wissenswerte Angaben ablesbar einzutragen. Die Tafel ist für Feuerungen,

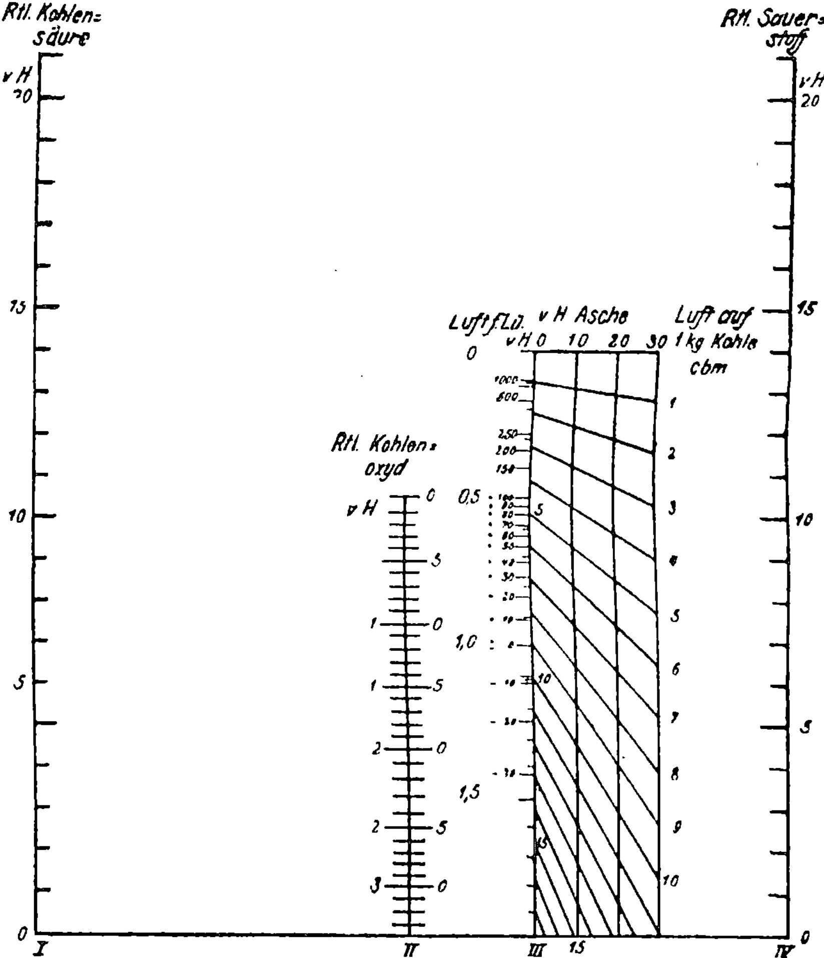

Abb. 11. Fluchtlinientafel für wasserstofffreie, aber aschehaltige Brennstoffe.

Generatoren und Hochöfen verwendbar, die mit Koks, Anthrazit oder anderen Brennstoffen betrieben werden, vorausgesetzt, daß darin Schwefel, Stickstoff und Wasserstoff nicht in erheblichem Umfange enthalten sind und daß sie trockene

Verbrennungsluft erhalten. Die Genauigkeit beträgt einige Prozentteile, ist also — zumal angesichts der Geschwindigkeit und Sicherheit, mit der man ablesen kann — für technische und vergleichende Zwecke ausreichend.

Es ergibt sich als Regel für feuerungstechnische Rechentafeln:

Solange nur
>Mischungsverhältnis,
>Verbrennungsgüte usw.,

d. h. Verhältniszahlen der verbrennlichen Teile und der Luft in Betracht kommen, bleiben Aschegehalt, hygroskopisches Wasser usw. außer Betracht und es können die gewöhnlichen Rechentafeln benutzt werden, welche nur auf das Verhältnis H_d/C, auf $CO_{2\,max}$ od. dgl. Bezug nehmen. Erst, wenn absolute, z. B. auf Kilogramme Brennstoff bezogene Werte wie

>Rauchgasvolum je Kilo Kohle
>Verbrennungswasser ,, ,, ,,
>Luftbedarf   ,, ,, ,,

in Betracht kommen, spielen Asche und Feuchtigkeit eine Rolle, die am bequemsten in angehängten Nebentafeln berücksichtigt wird.

4. Tafeln für Brennstoffe beliebiger Zusammensetzung.

Es entsteht nun der Wunsch, nicht für jeden einzelnen Brennstoff eine besondere Tafel herstellen zu müssen, sondern eine „Universaltafel" zu besitzen, aus der man entweder die Sondertafel für jeden Brennstoff sofort mit leichter Mühe herstellen, — oder die man überhaupt ohne weiteres für jeden Brennstoff benutzen kann.

Es ist dazu zunächst erforderlich, den Wirkungsbereich der Tafeln auf relative Größen, insbesondere Luftüberschuß und Kohlenoxyd zu beschränken und absolute Größen, wie Luftmenge je Kilo Brennstoff usw. in Nebentafeln bzw. besondere Tafeln zu verweisen.

Sodann ist erforderlich, die Brennstoffe nach einem gemeinsamen Gesichtspunkte zu klassifizieren. Hierfür bietet sich der höchste Kohlensäuregehalt der Rauchgase ($CO_{2\,max}$) an, den der Brennstoff (nämlich bei vollständiger Verbrennung mit der theoretischen Luftmenge) erzeugen kann. Eine andere derartige Ordnungseigenschaft ist z. B. bei asche-freien und sauerstoffreien Brennstoffen der prozentische Wasserstoffgehalt oder das prozentische oder Atomverhältnis von Wasserstoff zu Kohlenstoff, welches bei Sauerstoff- bzw. aschehaltigen Brennstoffen durch den disponiblen prozentischen Wasserstoffgehalt bzw. die Verhältnisse der disponibeln Atome oder Prozente Wasserstoff zu Kohlenstoff ersetzt wird. Alle diese Größen stehen zueinander in engem Zusammenhang. Die erstgenannte[1]) ist für die Herstellung der Tafeln die bequemste. Die anderen werden nach Bedarf als Funktionsskalen angefügt.

Weiterhin muß man sich darüber klar sein, daß die Rechentafeln mit Punktkoordinaten eine solche Universaltafel direkt (d. h. in der Zeichenebene) nicht zulassen, — höchstens eine Rechentafel zum leichten Herstellen der einzelnen Tafeln. Hingegen hat bei den Fluchtlinientafeln die Aufgabe, wie nachher gezeigt werden wird, eine einfache Lösung.

a) Lösung der Aufgabe in Punktkoordinaten (der feuerungstechnische Rechenkörper).

Natürlich stehen die verschiedenen Rechentafeln für Brennstoffe verschiedener Zusammensetzung in einfachen gesetzmäßigen Zusammenhängen. Es liegt deshalb nahe, sich die Gesamtheit dieser Rechentafeln von derjenigen für reinen Kohlenstoff bis zu derjenigen für reinen Wasserstoff aufeinandergeschichtet zu denken und den so entstehenden Körper abzuwickeln. Das so sich ergebende Netz muß, immer vorausgesetzt, daß die Abwicklung möglich ist, eine Rechentafel darstellen, aus der ohne jede Mühe für jede beliebige Brennstoffzusammensetzung die drei Dreiecksseiten der Rechentafel mit ihren Einteilungen entnommen werden können.

Außerdem steht aber zu erwarten, daß bei sachgemäßer Aufschichtung der Rechentafel die algebraisch ja leicht zu verfolgende Gesetzmäßigkeiten graphisch zum Ausdruck kommen und in die an Hand von Rechnungen schwer vorstellbaren Vorgänge mehr Übersicht und theoretische Erkenntnis gelangt.

Die Rechentafeln für die verschiedenen Brennstoffe unterscheiden sich vornehmlich durch ihre Höhe. Das Kohlenstoffdreieck ist das Höchste. Das Wasserstoffdreieck hat die Höhe 0, schrumpft also zur Basis zusammen. Die Höhe

---

[1]) Vgl. Fußnote 2 auf S. 18.

drückt den höchsten Kohlensäuregehalt aus, den die Rauchgase des betreffenden Brennstoffes bei der Verbrennung mit Luft überhaupt haben können. Dieser Kohlensäuregehalt ist bekanntlich für reinen Kohlenstoff 21%, — für Wasserstoff 0%. Die Verschiedenheiten des größten Kohlensäuregehaltes beruhen bekanntlich darauf, daß das Verbrennungswasser bei der Gasanalyse verschwindet[1]. Es wurde deshalb die Rechentafel in dieser natürlichen Reihenfolge aufgeschichtet, wodurch sich der feuerungstechnische. Rechenkörper nach Abb. 12 und 13 ergibt. Dieser Rechen

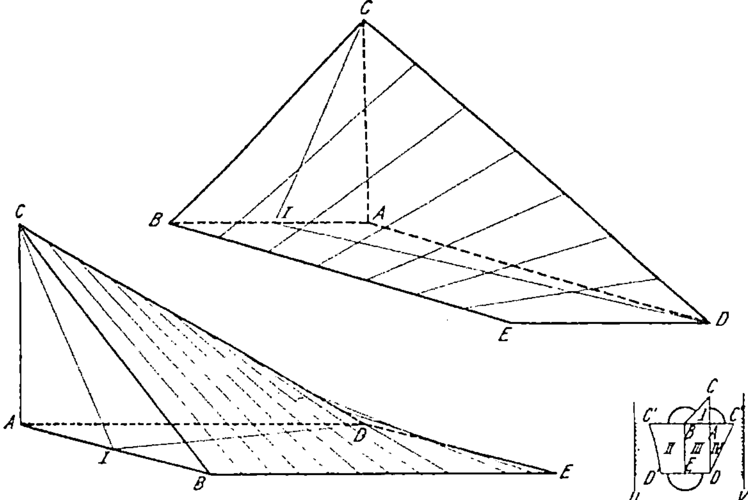

Abb. 12 u. 13. Der feuerungstechnische Rechenkörper.

körper stellt eine seltsame Form dar, indem der rechtwinklige prismatische Anfang des Kohlenstoffdreiecks sich zu der flachen Schneide des zu einer Geraden zusammengefallenen Wasserstoffdreiecks verflacht. Da die Grundfläche, welche sämtliche Fälle der Verbrennung ohne Kohlensäurebildung enthält, eben ist, und auch die Rückfläche, welche sämtliche Fälle der Verbrennung ohne freien Sauerstoffrest enthält, ebenfalls eben ist, so ist die dritte Prismenfläche, die Fläche der vollständigen Verbrennung ohne Kohlenoxydbildung notwendig windschief. Sie krümmt sich von dem 45°-Winkel des Kohlenstoffdreiecks herab zur Wagerechten der Wasserstofflinie und hat dabei die Besonderheit, welche sich aus

---

[1] Über die Berechnung von $CO_{2\,max}$ vgl. S. 18, Fußnote.

ihrer Entstehung ohne weiteres ergibt, daß in ihr lauter in bezug auf die Kante des unendlichen Sauerstoffüberschusses senkrechte Gerade liegen[1]).

Abwickelbar sind die beiden Ebenen natürlich ohne weiteres. Die windschiefe Fläche der vollständigen Verbrennung hingegen ist dies nicht. Die eben bezeichnete Eigenschaft, daß Lote auf die Kante des unendlichen Sauerstoffüberschusses als Geraden in der Fläche vollständiger Verbrennung liegen, ermöglicht es uns aber, eben diese Lote in die Ab-

Abb. 14. Photographie eines Modells des feuerungstechnischen Rechenkörpers aus Pappe und Faden. (Man beachte die aus zwei Geradenscharen gebildete Sattelfläche.)

wicklungsebene umzuklappen und auf diese Weise eine Abwicklung zu bewirken, bei der zwar nicht die Fläche als solche zutreffend dargestellt wird, wohl aber die sämtlichen, uns an der Fläche allein interessierenden Abschnitte längentreu zur Abbildung kommen.

Es ergibt sich auf diese Weise ein Abwicklungsbild gemäß Abb. 13, in der Dreieck I das umgeklappte Kohlenstoffdreieck, Rechteck III, die Ebene der kohlensäurefreien Verbrennung, Dreieck IV die Ebene der Verbrennung ohne Sauerstoffüberschuß und Fläche II die in bezug auf die Kantenlote

---

[1]) Quer dazu liegen übrigens in ihr auch lauter auf der Wasserstofflinie senkrechte Gerade.

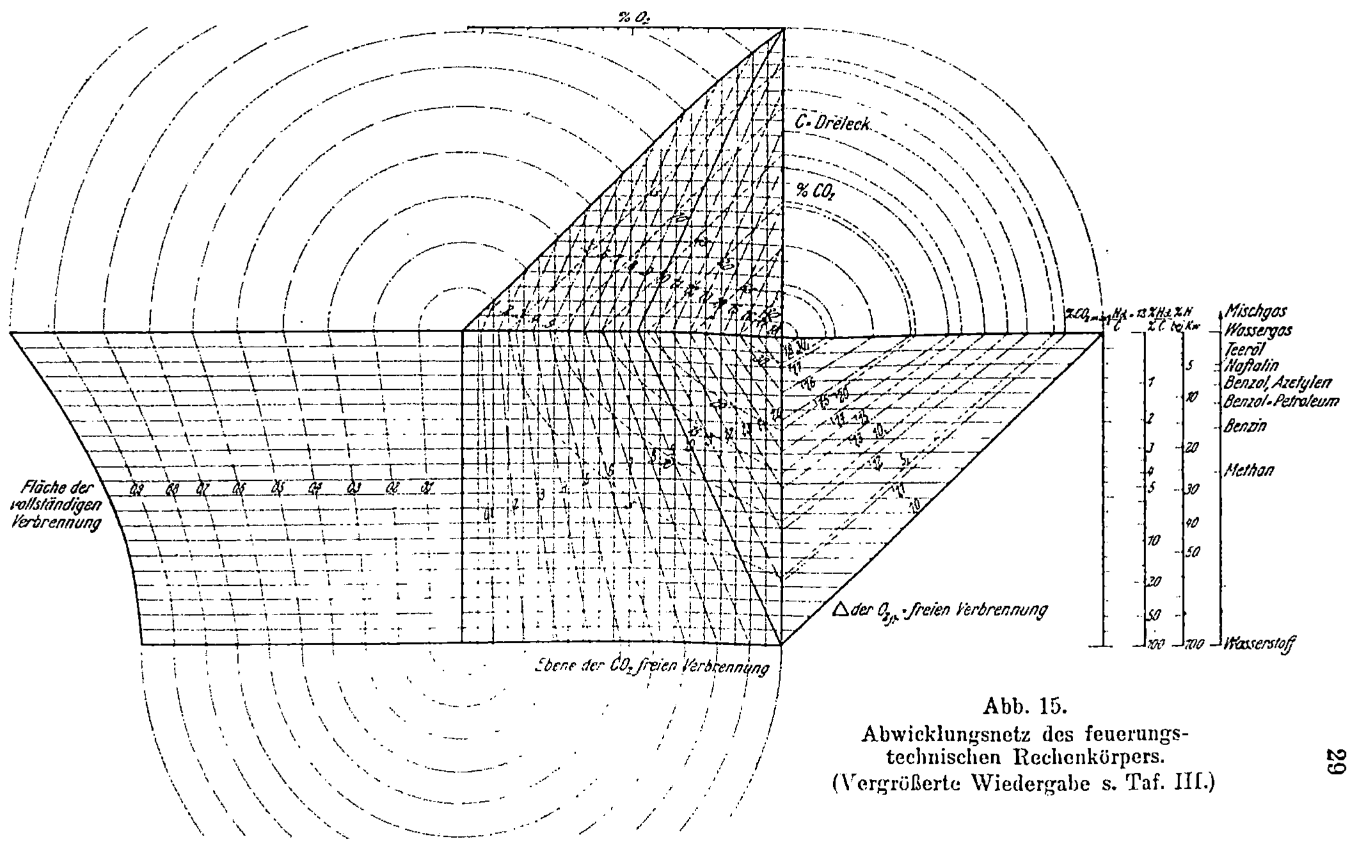

Abb. 15.
Abwicklungsnetz des feuerungs-
technischen Rechenkörpers.
(Vergrößerte Wiedergabe s. Taf. III.)

längentreue, im übrigen aber verreckte Darstellung unserer windschiefen Fläche der vollständigen Verbrennung bedeutet. Man kann nun offenbar mit geringer Mühe eine Leiter U oder V anbringen, welche Prozente Wasserstoff, das Verhältnis von Kohlenstoff zu Wasserstoff, den höchsten Kohlensäuregehalt oder ähnliche charakteristische Eigenschaften des Brennstoffes als Funktionsskala enthält und auf diese Weise die rechnungsfreie Auffindung der gesuchten Rechendreiecks-Abwicklungen ermöglicht. In Fläche II, III und IV läßt sich aber aus Dreieck I und den bekannten Gasgesetzen die Gesamtheit der geometrischen Orte für die Teilungen der Dreieckseiten eintragen. Oder in anderen Worten: Man kann die Schnittlinien der Flächen gleichen Luftfaktors, gleicher Verbrennungsgüte usw. mit den drei Prismenflächen konstruieren.

In Abb. 15 ist das so entstehende Abwicklungsnetz dargestellt. Es sind vier Funktionsskalen, je eine

> für den größten Kohlensäuregehalt der Rauchgase des betr. Brennstoffes,
>
> für das Verhältnis der disponiblen Atome Wasserstoff zu Kohlenstoff bzw. der Prozentgehalte,
>
> der Prozentgehalte an Wasserstoff bei Kohlenwasserstoffen und
>
> eine Anzahl häufiger Brennstoffe

auf der rechten Seite beigegeben.

Zur Benutzung des Netzes für die Herstellung einer Rechentafel[1]) sucht man den gegebenen Brennstoff in einer dieser Leitern auf, verfolgt die wagerechte Gerade durch die drei Flächen II, III und IV und konstruiert nach den so gegebenen Dreiecksseiten das Rechentafeldreieck. Man hat nunmehr nur die sich ergebenden Teilungspunkte mit den Beschriftungen auf den Dreiecksseiten anzutragen und Punkte gleicher Beschriftung durch gerade Linien miteinander zu verbinden.

Die so sich ergebende systematische Ordnung sämtlicher Fälle zeitigt eine Anzahl interessanter Gesichtspunkte, sobald man sich die gemeinsame Bedeutung der dargestellten Flächen, abgeschnittener Teilgebiete, Schnitte durch den Rechenkörper usw. näher klarmacht. Bemerkenswert ist ferner, daß mit Ausnahme der gekrümmten Luftfaktorkurven in der Fläche II und der gekrümmten CO-Kurven in der

---

¹) Das Netz ist hierzu vergrößert als Anlage beigefügt (Tafel III).

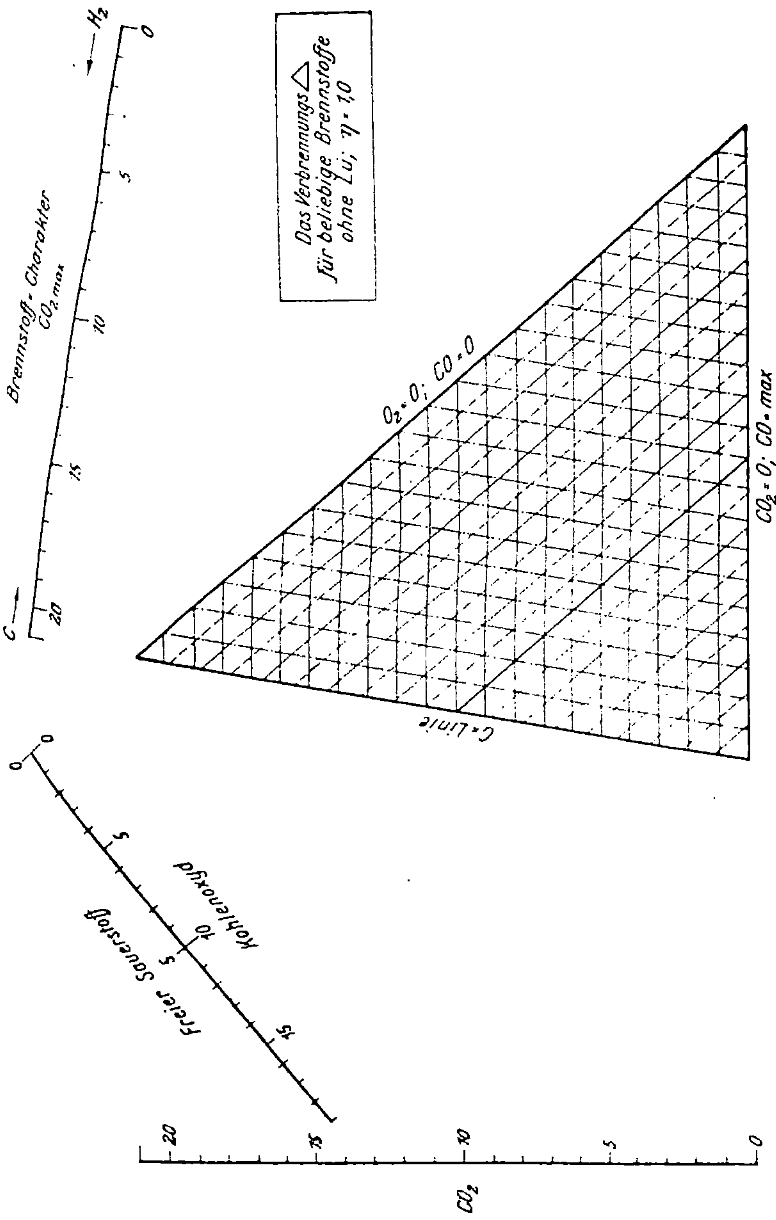

Abb. 16. Fläche des theoretischen Mischungsverhältnisses.

Fläche II anscheinend sämtliche Tatsachen durch gerade
Linien abgebildet werden. Auch die Kurven werden übrigens in
den Schnitten des Rechenkörpers durch Luftfaktorebenen zu
Geraden, — wie Abb. 16, die Darstellung des Dreiecks theoretischen Mischungsverhältnisses, es zeigt.

Unnötig zu bemerken ist, daß man außer den benutzten
Variablen beliebige andere, — etwa Stickstoffgehalt, Taupunkt, Luftüberschuß, Verbrennungsgüte usw, einführen und
auch Wasserbildung, Rauchgasvolumen, Luftbedarf usw. zur
Anschauung bringen kann. Man braucht lediglich geeignete
Funktionsleitern einzuführen. Fernerhin läßt sich der Rechenkörper, welcher für atmosphärische Luft mit 21% Sauerstoff
gezeichnet ist, natürlich auch für reinen Sauerstoff, Linde-
luft usw. ausführen. Auch für andersartige Reaktionen[1]) dürf-
ten ähnliche Darstellungarten sich als zweckmäßig erweisen.

**b) Lösung der Aufgabe in Fluchtlinien (Universalrechentafel für
Brennstoffe beliebiger Zusammensetzung).**

Vergleichen wir Fluchtlinientafeln für verschiedene Brennstoffe, dann finden wir, daß die CO-Skala um so weiter nach
links rückt, je wasserstoffreicher der Brennstoff wird, —
während gleichzeitig die Luftfaktorleiter zwar ihren Null-
punkt (unendlicher Luftüberschuß) behält, mit dem Punkte
des theoretischen Gemisches aber immer weiter auf der
gleichen Geraden nach unten rückt, so daß die Teilung anders
wird. Es ist also (vgl. Abb. 17) der geometrische Ort aller
CO-Skalen leicht zu konstruieren. Es stellt sich als Dreieck
dar. Hingegen muß die Luftfaktorlinie als umklappbar ge-
dachte Nebentafel ausgebildet werden, wie Abb. 17 dies zeigt.
Hiermit sind aber alle geforderten Bedingungen erfüllt, —
und zwar, wie unsere Abb. 17 zeigt, in lauter einfachen geraden Linien.

Die Benutzung der Tafel gestaltet sich folgendermaßen:

Gegeben ist der Charakter des Brennstoffes und damit
sein $CO_{2\,max}$-Gehalt. Diesen suchen wir auf den beiden
$CO_{2\,max}$-Leitern unten auf und haben damit diejenige CO-Leiter
mit Teilung und diejenige Lf-Leiter mit Teilung, welche dem
betr. Brennstoffe entsprechen. Nur liegt die CO-Leiter bereits richtig an ihrem Platze, während wir uns die Lf-Leiter
zum Gebrauche an die im Punkte $CO_{2\,max} = 21$ liegende
stark ausgezogene Haupt-Lf-Leiter verlegt denken müssen.
Die Wagerechten, welche die Nebentafel durchschneiden,

---

[1]) Z. B. die Reaktionen der Schwefelsäurefabrikation.

erleichtern dieses auf den ersten Blick schwierig erscheinende Ablesen der Hauptleiter in der Nebentafel.

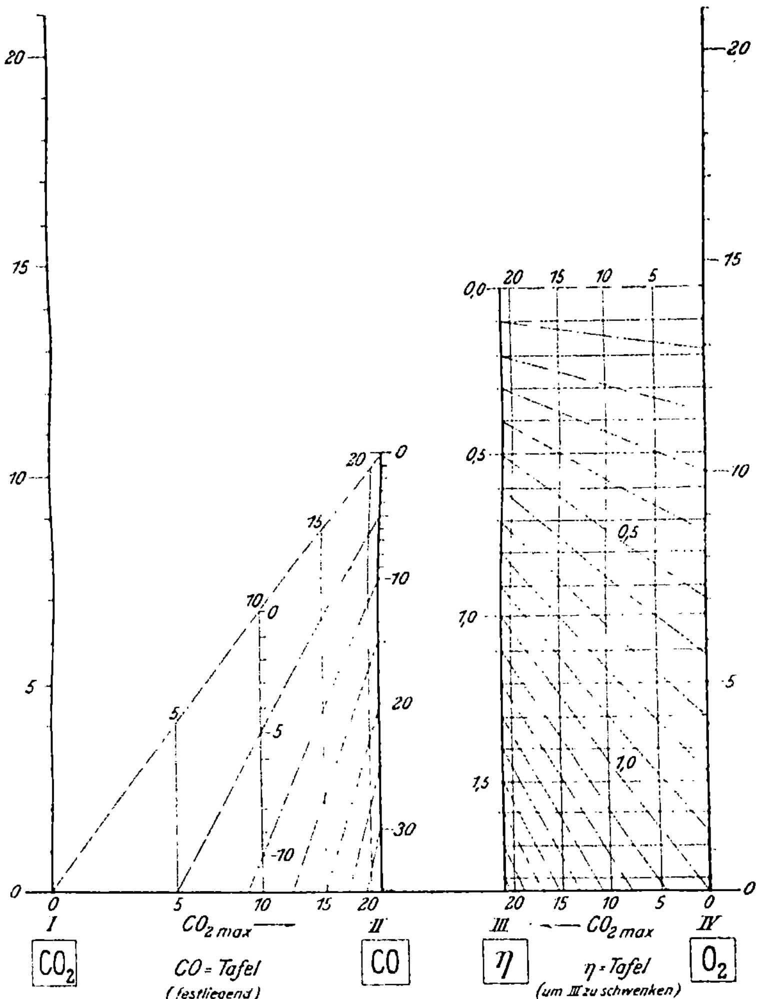

Abb. 17. Universal-Fluchtlinientafel für beliebige Brennstoffe $(CO_2, O_2, CO_2, \eta, CO_{2max})$.

Wir suchen nun auf den CO_2 und O_2-Hauptleitern die analytisch bestimmten Kohlensäure- und Sauerstoffwerte auf und verbinden sie durch eine Gerade. Diese schneidet unsere

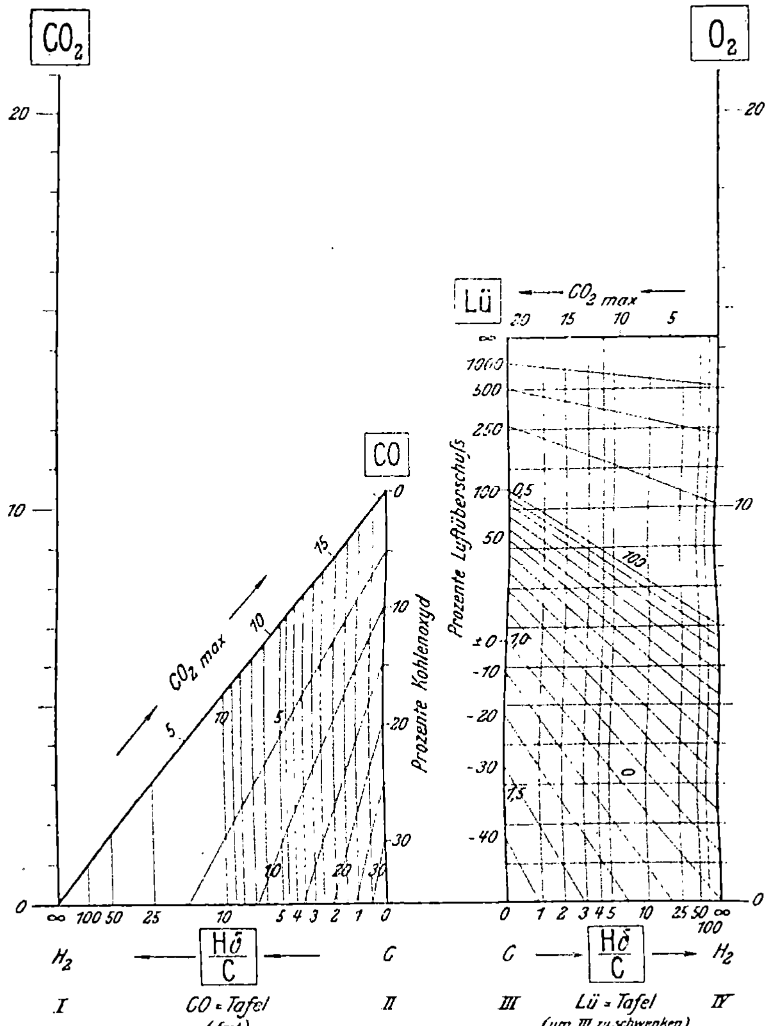

Abb. 18. Universal-Fluchtlinientafel für beliebige Brennstoffe.
(CO₂, O₂, CO, Lü, Hd/C).

ausgesuchte CO-Leiter, so daß wir von ihr unmittelbar den gesuchten CO-Gehalt ablesen können, — und außerdem die Haupt-*Lf*-Leiter, — deren Schnittpunkt wir aber nicht an ihr selbst, sondern mit Hilfe der wagerechten Geraden in bezug auf die entsprechende Leiter der Nebentafel ablesen.

Im allgemeinen wird man es natürlich, wenn man es mit
Brennstoffen konstanter Zusammensetzung zu tun hat, vor-
ziehen, sich aus dieser Universaltafel die benötigte Sondertafel abzupausen. Beim Rechnen mit Heizgasen variabler
Zusammensetzung hingegen kann auch der unmittelbare Gebrauch der Universaltafel sehr nützlich werden.

Anstelle von $CO_{2\,max}$ und des Luftfaktors kann man
natürlich beliebige andere geeignete Größen einführen. So
zeigt Abb. 18 die gleiche Tafel für das Verhältnis der disponiblen Wasserstoff- zu den Kohlenstoffatomen (übrigens
gleich dem Zwölffachen des entsprechenden Prozentenbruches,
was für Kohle wichtig ist) und für Luftüberschuß bzw. Luftmangel in Prozenten. Der Gebrauch dieser Tafel ist vollkommen gleichartig. Die Genauigkeit der Tafeln ist so groß,
als man ihre zeichnerische Genauigkeit treibt. Die vorliegenden Skizzen sind in dieser Hinsicht nicht sehr zuverlässig.

5. Das Gibbssche Dreieck und seine Erweiterung.

Das von Willard Gibbs[1]) angegebene Netz von Dreieckskoordinaten stellt in der Gesamtheit seiner Punkte die
Gesamtheit der Möglichkeiten dar, welche die Gleichung

$$a + b + c = \text{konst.} \quad \dots\dots\dots\dots \quad (1)$$

für beliebige positive Werte von a, b und c gewährt. Beim
Auftreten negativer Werte wird das Gibbssche Dreieck un-
benutzbar. Nur für einen Sonderfall ist es Wilhelm Ostwald[2]) gelungen, negative Größen dadurch zur Darstellung
zu bringen, daß er den außerhalb des Dreiecks fallenden Punkt
in einem angelegten zweiten Dreieck mit einer neuen Variablen d positive Koordinaten a, b, d annehmen ließ.

Andererseits besteht das Bedürfnis nach der Darstellung
von negativen Größen. Gleichungen der Formen

$$a + b - c = \text{Konst.} \quad \dots\dots\dots \quad (2)$$
$$a + b - c = 0, \quad \dots\dots\dots\dots \quad (3)$$

stellen besonders in den Gestalten

$$a + b = c + \text{Konst.} \quad \dots\dots\dots \quad (4)$$

und
$$\qquad a + b = c \quad \dots\dots\dots\dots \quad (5)$$

---

[1]) Trans. Conn. Acad. 8, 176 (1876); Thermodynamische Studien
1892, S. 140. Wilhelm Ostwald, Lehrbuch II, 2, S. 984, 1896/1902.
[2]) L. c., S. 985.

den Mannigfaltigkeitscharakter so zahlreicher Naturerscheinungen oder von solchen abgeleiteten Größen (z. B. Logarithmen) dar, daß nach entsprechender Erweiterung des Gibbsschen Darstellungsgedankens zu suchen ist. Als Beispiele seien nur genannt die Gibbssche Phasenregel

$$P + F = B + 2 \quad\ldots\ldots\ldots \quad (6)$$

das Gasgesetz

$$\log p + \log v = \log T + \log R. \quad\ldots\ldots \quad (7)$$

und die Absorptionsbeziehung

$$\log p = n \log c + \text{Konst.} \quad\ldots\ldots \quad (8)$$

Um zu negativen Werten für die eine Variable[1]) gemäß Gleichungen nach Schema (2) und (4) zu gelangen, bedarf es eigentlich nur einer Umänderung der Bezifferung, welche seltsamerweise aber noch nicht vorgenommen worden zu sein scheint. Wenn man für

$$a + b - c = \text{Konst.} \quad\ldots\ldots\ldots \quad (2)$$

schreibt:

$$a + b + (- c) = \text{Konst.}, \quad\ldots\ldots \quad (9)$$

dann hat man die gewohnte Bedingungsgleichung für das Gibbssche Dreieck mit der einzigen Besonderheit, daß eine oder zwei Koordinatenscharen umgekehrt beziffert werden.

Denken wir uns — was zur Vermeidung von Ablesungsfehlern sehr förderlich ist — das Gibbssche Dreieck gemäß Abb. 19 durch gegenseitiges Schneiden dreier Parallelenbüschel mit 120° Schneidwinkel entstanden, so entspricht die a, b, c-Bezifferung der gewöhnlichen Bedingungsgleichung

$$a + b + c = 10. \quad\ldots\ldots\ldots \quad (1)$$

Beriffern wir aber die c-Skala gerade umgekehrt, so stellt das Dreieck die Gleichung

$$a' + b' - c' = 0 \quad\ldots\ldots\ldots \quad (3)$$

dar. Werden a- und b-Skala umgekehrt beziffert, stellt das Dreieck die Gleichung

$$a'' + b'' - c'' = 10 \quad\ldots\ldots\ldots \quad (2)$$

dar (Abb. 19). Entsprechend ist im a, b, c-Dreieck der Beispielspunkt P bestimmt durch die der Gleichung (1) entsprechenden Koordinaten

$$a = 5,$$
$$b = 2,$$
$$c = 3,$$

---

[1]) Negative Werte für zwei Variable sind einleuchtenderweise mit diesem Falle vollkommen identisch.

hingegen im a', b', c'-Dreieck durch die der Gleichung (2) entsprechenden Werte
$$a' = 5,$$
$$b' = 2,$$
$$c' = 7,$$

oder im a'', b'', c''-Dreieck durch die der Gleichung (3) entsprechenden Koordinaten
$$a'' = 5,$$
$$b'' = 8,$$
$$c'' = 3.$$

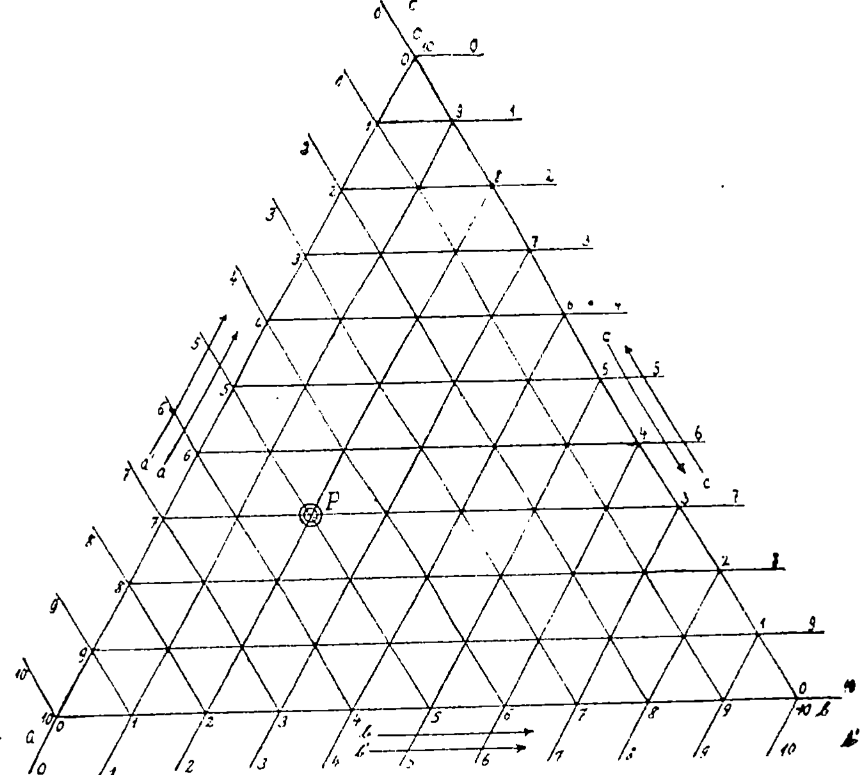

Abb. 19. 1. Das Gibbssche Dreieck als Schnittfigur dreier Parallelenbüschel: $a+b+c=10$; $a, b, c \leqq 10$. 2. Das neue Dreieck: $a'+b'-c'=0$; a', b', $c' \leqq 10$.

Im übrigen hat sich bei dieser Umformung im Dreieck nichts geändert. Insbesondere hat es noch die folgenden Eigenschaften des Gibbsschen Dreiecks behalten:

a) Das Dreieck ist begrenzt und stellt innerhalb dieser Grenzen alle Möglichkeiten der Gleichung dar, solange keine Logarithmen als Variable[1]) benutzt werden.

b) Vor einer beliebigen Dreiecksecke ausgehende Strahlen sind der geometrische Ort konstanter Gemische der anderen beiden Variabeln, wobei das zugehörige Verhältnis an der gegenüberliegenden Seite ablesbar ist.

c) Gerade Linien sind der geometrische Ort von konstanten Verhältnissen der Form

$$\frac{a}{b - \text{Konst.}_1} = \text{Konst.}_2 \quad \ldots \quad (10)$$

d) Zwei auf einer Geraden liegende Punkte stellen durch Kombination ihrer Koordinaten im gleichen Verhältnis wie ein dritter auf der gleichen Geraden liegender Punkt ihre Entfernung innen oder außen teilt, diesen dar.

Ebenso verändert das Dreieck diese seine wichtigsten Eigenschaften nicht, wenn wir an Stelle der negativen Funktionsskala beliebige andere (etwa quadratische) Funktionsskalen einführen — auch dann nicht, wenn wir, was zuweilen vorteilhaft ist — das Netz des Dreiecks selbst quadratisch, logarithmisch (Ausnahme: a) oder dgl. werden lassen. Man verliert dadurch zwar die beim Gibbsschen Dreieck durch die sechsfaltige Symmetrie entstehenden Vereinfachungen der Lineatur. Trotzdem sind die Ablesungen in der entstehenden dreifaltigen Symmetrie aber durchaus nicht unbequem oder unsicher, zumal wenn man sie durch sinngemäße Verlängerungsstriche gemäß Abb. 19 erleichtert.

Nunmehr ist auch der zweite Schritt — die Bedingungsgleichung zu Null werden zu lassen — nicht mehr fernliegend, ja, beim logarithmischen und a', b', c'-Dreieck bereits getan. Wir brauchen hierzu nur eine oder mehrere Skalen so auszubilden, daß sie die Konstante mit enthalten, oder algebraisch statt

$$a + b \pm c = \text{Konst.} \quad \ldots \ldots \quad (1)$$

zu schreiben

$$a + b \pm (c - \text{Konst.}) = 0 \quad \ldots \ldots \quad (11\,\text{a})$$

oder

$$(a - \text{Konst.}) + b \pm c = 0 \quad \ldots \ldots \quad (11\,\text{b})$$

usw.

---

[1]) In diesem — anscheinend bisher auch noch nicht ausgeführten — Falle kann jeweils nur ein beschränktes Teilgebiet dargestellt werden.

Damit scheint aber das Dreieck seinen Sinn und die wichtige Eigenschaft der Begrenztheit (a) zu verlieren. Denn das Gibbssche Dreieck dient ja gerade dazu, durch einen Punkt zur Anschauung zu bringen, wie drei Größen zu einer dritten der Konstanten zusammengehen. Wie eine Null sich aber auf drei Größen verteilt, interessiert im allgemeinen den Chemiker nicht.

Der Fehlschluß liegt darin, daß das Gibbssche Dreieck außer der ausdrücklichen Bedingungsgleichung

$$a + b + c = \text{Konst.} \quad \dots \dots \quad (1)$$

stillschweigend noch die weiteren Bedingungsgleichungen voraussetzt:

$$a \leqq \text{Konst.}$$
$$b \leqq \text{Konst.}$$
$$c \leqq \text{Konst.,}$$
$$a + b \leqq \text{Konst.}$$
$$\text{usw.}$$

und diese eine nur für besondere Zwecke vorteilhafte Beschränkung und Begrenzung darstellen. In der positiven Umformung:

$$a + b = c \,(+ \text{Konst.}) \quad \dots \dots \quad (4, 5)$$

stellt die Gleichung und mithin auch das zugeordnete Dreieck durchaus wirkliche und häufige Mannigfaltigkeiten dar.

Entsprechend kann man auch schon die Gleichung zu Abb. 19:

$$a' + b' - c' = \text{Konst.} \quad \dots \dots \quad (2)$$

als nicht mehr begrenzt auffassen, weil die Begrenzung der Konstanten auf 10 oder 100 durchaus willkürlich ist, während sie beim Gibbschens Dreieck Prozente oder andere Verhältnisse ausdrückt.

Während aber beim logarithmischen Dreieck das Dreieck einleuchtenderweise nach allen drei Richtungen hin unbegrenzt wird und die Strahleneigenschaften b und c deshalb nicht mehr für die Numeri, sondern nur für ihre etwaigen Exponenten gelten, ist das Dreieck gemäß Gleichung (10a u. b) nur einseitig unbegrenzt.

Abb. 20 stellt die Beispielsgleichung

$$a + b = c \quad \dots \dots \dots \quad 12)$$

für Werte von a und b dar, die kleiner oder gleich 19 sind, wodurch auch die Ablesungsmöglichkeit für c-Werte auf die gleiche Zahl begrenzt sind. Der von c ausgehende Strahl S_1

stellt wie beim gewöhnlichen Dreieck den geometrischen Ort des konstanten Verhältnisses (7 : 12) von a und b dar, während ein Strahl S_2 bei algebraischen Skalen nicht ohne weiteres einen Sinn liefert.

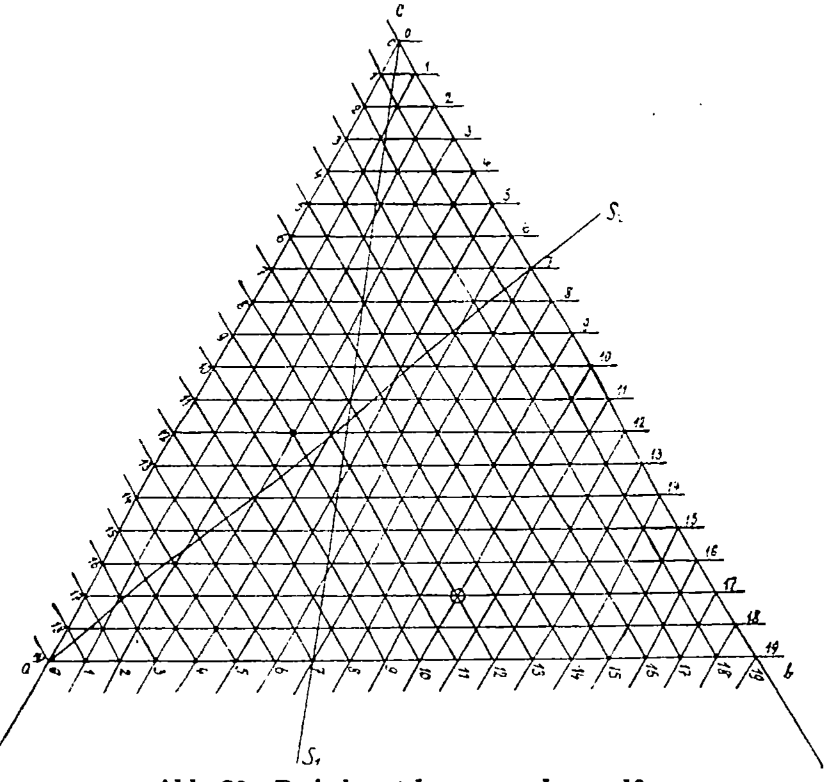

Abb. 20. Dreieck: $a + b = c$. a. b, $c \leqq 19$.
Strahl S_1: $\dfrac{a}{b} = \dfrac{12}{7}$.   Strahl S_2: $\dfrac{b}{c} = \dfrac{7}{12}$.

Entsprechend stellt Abb. 21 für Werte von a und b bis 15 und folgerichtig von 0 bis 9 die Gleichung

$$a + b = c + 6 \qquad (13)$$

dar, wobei für Strahl S_1 und S_2 das Entsprechende gilt.

Als besondere Anwendung der vorstehenden Erweiterungen des Gibbsschen Dreiecks sei beispielsweise die Gibbssche Phasenregel

$$P + F = B + 2 \qquad (6)$$

durchgeführt, welche insofern eine Besonderheit bietet, als sie keine stetige, sondern eine unstetige Mannigfaltigkeit von Punkten darstellt, was im Dreieck seinen Ausdruck dadurch findet, daß nur „ausgezeichnete" Punkte, Schnittpunkte, als Gleichungswerte gelten und zwischen den Gleichungspunkten höchstens kritische Punkte zugeordnet werden können.

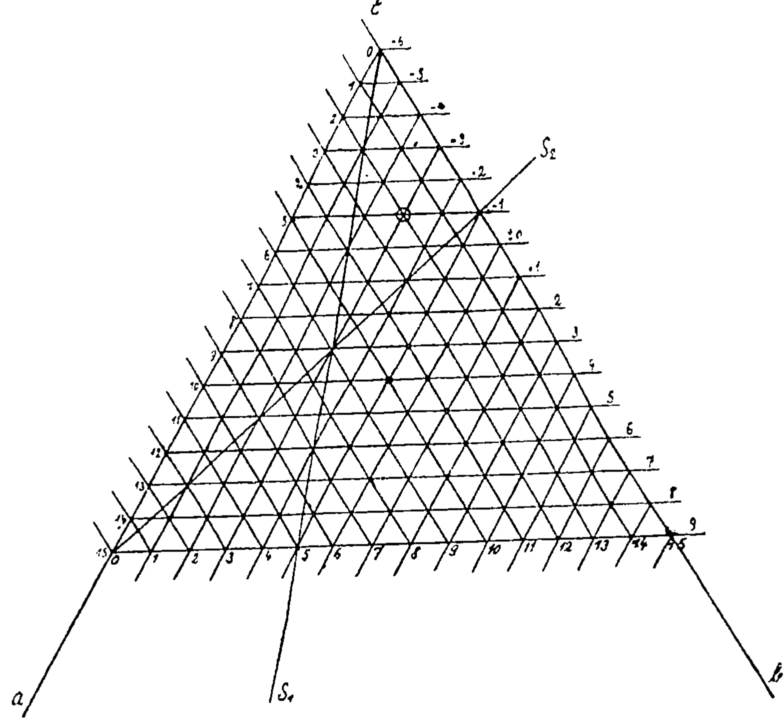

Abb. 21.   Gleichung: $a + b = c + 6$. $a, b \leq 15$. $c \leq 9$.

Strahlen, $S_1: \dfrac{a}{b} = \dfrac{10}{5} = \dfrac{2}{1}$; $S_2: \dfrac{c+6}{b} = \dfrac{2}{1}$.

Es gibt nun sieben (bzw. neun) verschiedene Möglichkeiten, die Phasenregel im Dreieck darzustellen, nämlich:

$$a + b - c - 2 = 0 \quad \ldots \ldots \ldots \quad (14)$$

$$a + b - (c + 2) = 0 \quad \ldots \ldots \ldots \quad (15)$$

$$(a - 2) + b - c = 0 \ [\text{hierzu identisch } (b - 2)] \quad (16)$$

$$(a - 1) + (b - 1) - c = 0 \quad \ldots \quad . \quad . \quad (17)$$

$$(a - 1) + b + (c + 1) = 0 \ [\text{hierzu identisch } (b - 1)] \quad (18)$$

Von diesen erweisen sich (14) und (15) als geometrisch
identisch und sind in Abb. 22 zur Anschauung gebracht. Gleichungen (16) und (17) sind praktisch unbrauchbar, weil sie
die wichtigen Nullwerte für a bzw. b nicht zur Anschauung
bringen. Hingegen ist Gleichung (18) brauchbar. Vergleich

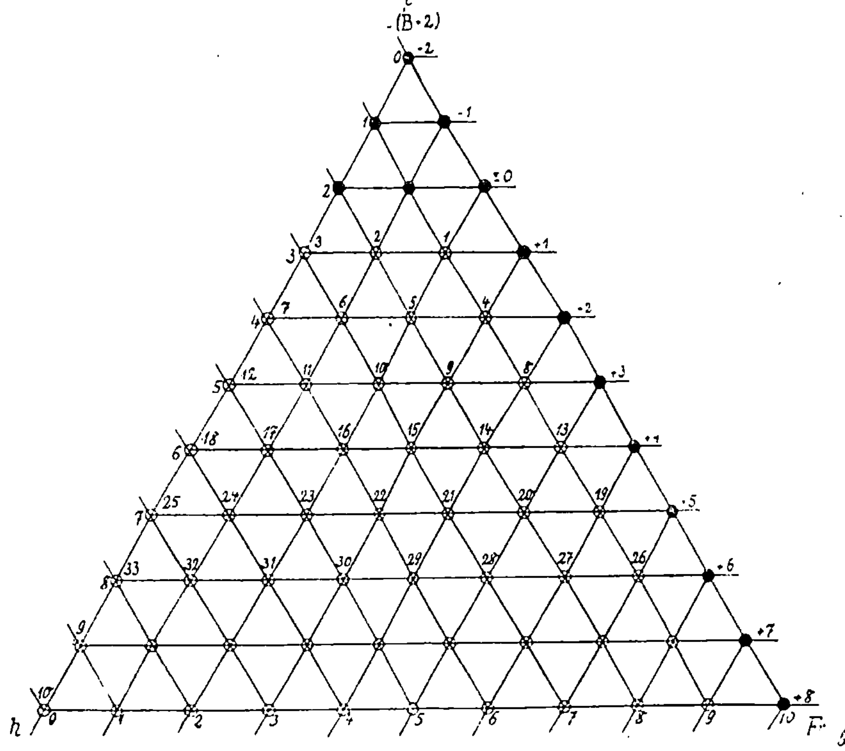

Abb. 22. Veranschaulichung der Phasenregel.
Gleichung: $a + b - (c + 2) = 0$. a, $b \leqq 10$. $c \leqq 8$.
o Ganzzahlige Werte.   • Unwirkliche Werte.
Die Bezifferung der Punkte ist eine eindeutige Ordnung sämtlicher
durch die Phasenregel gegebener Fälle.

von Gleichung (14) in Abb. 21 und (18) in Abb. 22 lehrt die
Überlegenheit von Abb. 22 [Gleichung (18)], da in ihr die Reihe
der in Wirklichkeit unvorstellbaren Punkte $a = 0$ in Wegfall
kommt und die Zahl der sonstigen unvorstellbaren Punkte in
der Dreiecksspitze dadurch auf drei herabsinkt. Im übrigen

ermöglicht unser Dreieck, wie Probieren lehrt, mit leichter
Mühe, für jede Zahl von Phasen, Freiheiten oder Bestandteilen die zugehörigen anderen Werte abzulesen, aber auch
übersichtlich die mathematische Beschaffenheit der Gleich-

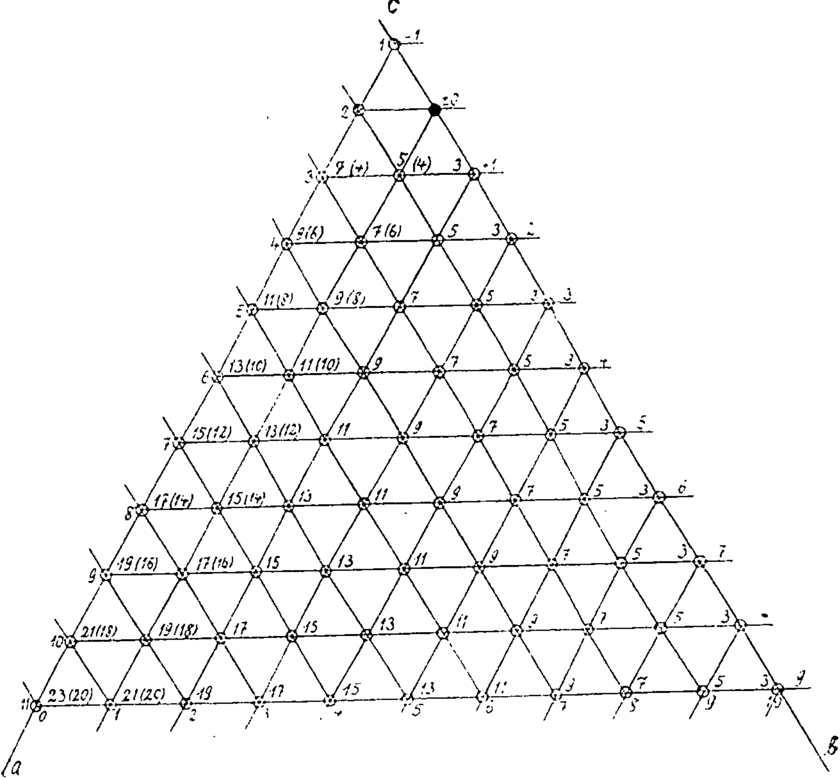

Abb. 23. Veranschaulichung der Phasenregel.
Gleichung: $(a-1) + b - (c+1) = 0$.　$a \leqq 11$.　$b \leqq 10$.　$c \leqq 9$.
Die Bezifferung der Punkte ist gleich der Zahl der „Möglichkeiten".
Die eingeklammerten Ziffern bedeuten die Berücksichtigung
der Wilhelm Ostwaldschen Regel.

gewichte erster, zweiter, dritter usw. Ordnung, der ein-, zwei-,
mehrphasigen Systeme, der non-, uni-, bi- usw. -varianten
Gebilde abzulesen.

Gewährt die systematische Ordnung[1]) an sich schon eine

---

[1]) Die z. B. auch eine eindeutige Bezifferung sämtlicher Punkte
gestattet (vgl. Abb. 22).

gewisse Befriedigung, so folgt erfahrungsgemäß aus jeder systematischen Ordnung Erleichterung weiterer Forschung. So könnte man daran denken, durch Aufbau räumlicher Koordinaten oder Überlagerung eines anderweiten Netzes zugeordnete Eigenschaften des dargestellten Punktnetzes zur Anschauung zu bringen. Aber schon unmittelbar ergibt sich z. B., daß man die kritischen Punkte auf den wagerechten c-Linien zwischen den Gleichgewichtspunkten anordnen können wird, daß die Bezifferung der a-Linien unmittelbar die „Höchstpunkte" (Tripel-, Quintupelpunkt usw.) ablesen läßt usw. Trägt man ferner etwa, wie es in Abb. 23 geschehen ist, bei jedem Punkte die Zahl der „Möglichkeiten" (FFF, $FFlG$ usw.) ein, so ergeben sich die zugrundeliegenden Gesetzmäßigkeiten in einfacher und übersichtlicher Form (die eingeklammerten Zahlen bedeuten die Berücksichtigung der Wilhelm Ostwaldschen Regel, daß erfahrungsgemäß nicht mehr flüssige Phasen koexistent als Bestandteile vorhanden sind[1])). Baut man diese etwa systematisch in den Raum hinein, so ergibt sich eine schiefe Ebene, die nach der Wilhelm Ostwaldschen Regel in der Linie zweier Freiheiten von einer zweiten horizontalen Ebene geschnitten wird und dgl. mehr[2]).

6. Zur Theorie des Vergasungsvorganges.
(Anwendung der Dreieckskoordinaten.)

Es ist nicht möglich, den Vorgang der Vergasung der Kohle durch Luft und Wasserdampf durch eine chemische Gleichung auszudrücken, obwohl die Gasgesetze zeigen, daß der Vorgang sehr einfach ist, und obwohl einer gegebenen Gasanalyse nur ein einziges Reaktionsschema entsprechen kann. Vielmehr wird je nach seinem Verlaufe der Vergasungsvorgang des Kohlenstoffs (von Wasserstoff, Schwefel usw. im Brennstoff sei zunächst abgesehen) so betrachtet, daß eine ganze Anzahl von Reaktionsgleichungen zu verschiedenem Betrage Geltung hat, z. B.:[3])

---

[1]) L. c., S. 939.

[2]) Anmerkungsweise sei auch darauf hingewiesen, daß die Phasenregel selbst nur ein Sonderfall einer Reihe ähnlicher mathetischer Gesetze ist, die z. B. auch für Zahnräderkombinationen und geometrische Aufgaben gelten.

[3]) Vgl. Ferd. Fischer, Kraftgas, S. 57 und 6. — Vom Entgasungsgas, das aus einer gegebenen Gasanalyse rechnerisch leicht zu eliminieren ist (vgl. W. Mathesius, Eisenhüttenwesen, S. 145), wird bei diesen Betrachtungen abgesehen.

$$C + 2\,H_2O = CO_2 + 2\,H_2 - 18,8$$
$$C + CO_2 = 2\,CO - 38,8$$
$$C + O_2 = CO_2 + 97,6$$
$$2\,CO = CO_2 + C + 38,8$$
$$CO_2 + H_2 = CO + H_2O + 48,2$$
$$CO + H_2O = CO_2 + H_2 - 48,2$$
$$C + O = CO + 29,4$$
$$C + H_2O = CO + H_2 - 28,8.$$

Jeder bestimmten Gaszusammensetzung ist — darüber kann kein Zweifel bestehen — nur eine einzige Kombination von Gleichungen zugeordnet, wenigstens ist es thermochemisch und energetisch vollkommen gleichgültig, auf welchem Wege von den gleichen Ausgangsstoffen das gleiche, durch die Gaszusammensetzung bestimmte Endprodukt erreicht wurde. Es ist also anzustreben:

a) aus der angedeuteten Fülle der möglichen Reaktionsgleichungen diejenigen zu ermitteln, welche zur Darstellung der Verhältnisse notwendig und zureichend sind, und

b) jede beliebige Gaszusammensetzung („Gasanalyse") durch einen einzigen Ausdruck dárzustellen, so daß beim Vergleiche von Gasanalysen der jetzige Zustand der „gefühlsmäßigen" Beurteilung oder des rechnerischen Probierens durch vollkommen eindeutige und bestimmte Beurteilung ersetzt werden kann.

Der ersten dieser beiden Forderungen ist durch die Lösung der Minimalaufgabe Genüge zu tun: Welche Gleichungen einfachster Natur enthalten alle die in Betracht kommenden Stoffe: C, O_2, H_2O, H_2, CO, CO_2? Da der Reaktionsweg (vgl. oben) gleichgültig ist, ist das Reaktionsschema einer gegebenen Gasanalyse eindeutig durch die Angabe bestimmt, zu welchen Beträgen die so ermittelten einfachsten Reaktionen stattgefunden haben bzw. als stattgefunden gedacht werden müssen. Durch die Gesamtheit dieser Wirkungsbeträge — für die natürlich das Gesetz der Erhaltung des Stoffes als Bedingungsgleichung ersten Ranges gilt — erfüllt sich zugleich unsere zweite Forderung der eindeutigen reaktionschemischen Kennzeichnung der „Gasanalyse".

Die Prüfung der möglichen Reaktionsgleichungen ergibt hiernach folgende drei Grundgleichungen (die Methanbildung ist außer Spiel gelassen worden):

$$1.\ C + O_2 = CO_2 + 97,6;$$
$$2.\ C + 2\,H_2O = CO_2 + 2\,H_2 - 18,8;$$
$$3.\ C + CO_2 = 2\,CO - 38,8.$$

Die erste Gleichung stellt die Verbrennung des Kohlenstoffs mit Sauerstoff zu Kohlensäure, die zweite diejenige des Kohlenstoffs mit Wasser zu Wasserstoff und Kohlensäure dar. Ob tatsächlich unter den betr. Bedingungen auch wirklich nach Boudouard primär Kohlensäurebildung eintritt oder nach neueren Forschungen direkt Kohlenoxyd entsteht, kann uns nach obigem energetischen Prinzip gleichgültig sein, wenn wir durch Gleichung 3 die Reduktion beliebig entstandener oder entstanden denkbarer Kohlensäure zu dem vorhandenen Betrage von Kohlenoxyd berücksichtigen.

Wenn wir nun angeben, zu welchem Betrage (a, b und c) jede dieser drei Gleichungen stattgefunden hat, haben wir auch eindeutig Reaktionsbedingungen (stöchiometrisch) und Gasanalyse bestimmt. Wir können das einzeln tun oder auch die Gleichung wie folgt zusammenziehen:

$$4.\quad (a + b + c)\, C + a\, O_2 + 2b\, H_2O + c\, CO_2 =$$
$$= (a + b)\, CO_2 + 2b\, H_2 + 2c\, CO + 97{,}6a - 18{,}8b - 38{,}8c$$

oder, wenn wir die Kohlensäure auf der linken Seite eliminieren:

$$5.\quad (a + b + c)\, C + a\, O_2 + 2b\, H_2O =$$
$$= (a + b - c)\, CO_2 + 2b\, H_2 + 2c\, CO + 97{,}6a - 18{,}8b - 38{,}8c.$$

Diese Gleichung stellt die stöchiometrischen Verhältnisse der Vergasung dar, gleichzeitig natürlich u. a. auch die thermochemischen und — nach den Gasgesetzen — auf der rechten Seite der Gleichung die volumetrischen, für die noch in leicht ersichtlicher Weise zu praktischem Gebrauch der Luftstickstoff einzuführen sein würde. -

Es sind nur drei Variable a, b und c vorhanden, von denen aber nur je zwei unabhängig sind. Werden zwei von ihnen gegeben, dann ist die dritte bestimmt. Gleichungen dieser Art sind leicht im Gibbsschen Dreieck darzustellen. Um die Darstellung besonders anschaulich zu machen, gehen wir zu den drei Einzelgleichungen zurück und stellen im Dreieck jeweils durch einen Punkt dar, was mit 1 T. Kohlenstoff geschieht:

Der Teil Kohlenstoff besteht aus drei Bruchteilen:

$$C = a + b + c.$$

Bruchteil a reagiert nach Gleichung 1,
b nach Gleichung 2 und
c nach Gleichung 3.

Wir ordnen jeder der drei Gleichungen eine Ecke des Gibbsschen Dreiecks zu. Der Punkt X (Abb. 24) z. B. stellt dann eine Gasanalyse dar, bei der der Kohlenstoff zu

55% nach Gleichung 1,
20% nach Gleichung 2 und
25% nach Gleichung 3

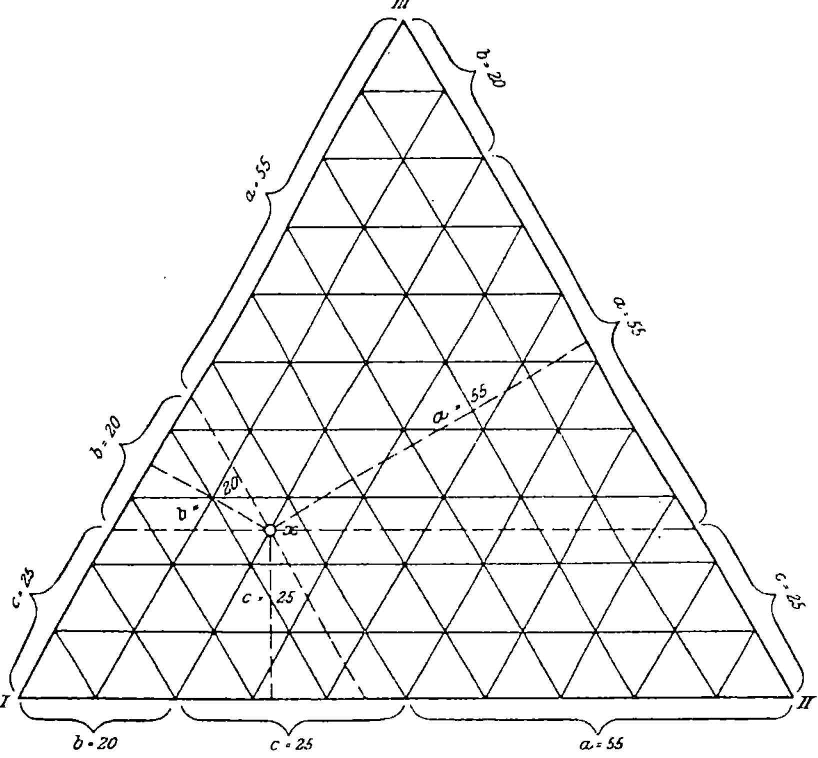

Abb. 24. Die Bedeutung der Koordinaten im Gibbsschen Dreieck.

reagiert hat. Setzen wir diese Werte in Gleichung 5 ein, so erhalten wir für unseren Punkt X folgende numerische Gleichung:

$$100\,C + 55\,O_2 + 55\;15/4\,N_2 + 40\,H_2O$$
$$= 50\,CO_2 + 40\,H_2 + 50\,CO + 55\;15/4\,N_2 + 4024.$$

Es handelt sich also bei diesem Beispiel um eine stark exotherme Vergasung, fast Verbrennung, bei der auf je 1200 g Kohlenstoff 5850 l Luft und 720 g Wasser verbraucht wurden.. Es ergab sich dabei ein Gas von folgender (berechneter) prozentischer Zusammensetzung:

$$14,5\% \ CO_2,$$
$$11,6\% \ H_2,$$
$$14,5\% \ CO,$$
$$59,5\% \ N_2.$$

Wir können also durch einen einzigen Punkt im Gibbsschen Dreieck jede beliebige stöchiometrische Vergasungsgleichung darstellen.. Umgekehrt müssen wir auch jede gegebene Gaszusammensetzung — nach Eliminierung etwaigen
Luftüberschusses — durch einen einzigen Punkt darstellen
und hieraus alle unsere Schlüsse ziehen können. Dies ist in
der Tat nicht schwer, weil die Gasgesetze einfache Verhältnisse schaffen. Bei Gleichung 3 und 2 können wir die Beträge c und b direkt gleich den entstehenden und für die
betr. Gleichungen charakteristischen Mengen Kohlenoxyd
bzw. Wasserstoff setzen.:

$$c = 2\,CO;$$
$$CO\text{-Gehalt} = c/2;$$
$$b = 2\,H_2;$$
$$H_2\text{-Gehalt} = b/2.$$

Schwierigkeiten ergeben sich nur bei Gleichung 1, weil
die hier entstehende Kohlensäure sich im Gas nicht unverändert wiederfindet. Die im Gas vorhandene Kohlensäure
setzt sich vielmehr zusammen aus der Summe der nach Gleichung 2 und 1 entstehenden Kohlensäuremengen, vermindert
um den nach Gleichung 3 verbrauchten Kohlensäurebetrag.
Mithin ist:

$$CO_2\text{-Gehalt} = a + b/4 - c/2;$$
$$a = CO_2\text{-Gehalt} - 1/2\,H_2\text{-Gehalt} + 1/2\,CO\text{-Gehalt}.$$

Damit sind aber unsere Koordinaten gegeben. Wir
brauchen gar keine weitere Umrechnung der prozentisch
gegebenen Gasanalyse vorzunehmen, sondern nur denjenigen
Punkt aufzusuchen, der in bezug auf die drei Reaktionsecken I, II und III in Abb. 24 die Höhen ($CO_2 - H_2/2 + CO/2$);
$CO/2$ und $H_2/2$ verhältnismäßig hat, bzw. die Dreieckskoordinaten

$$a = 2\,CO_2 - H_2 + CO$$
$$b = H_2$$
$$c = CO.$$

Aus der prozentischen Gasanalyse sind die drei Koordinaten also sehr leicht zu berechnen. Noch einfacher fast gestaltet sich die geometrische Konstruktion. Zu diesem Zwecke teilt man einfach die eine Dreiecksseite im Verhältnis a : b : c und findet dann durch Verfolgen der zu den beiden anderen Dreiecksseiten Parallelen den gesuchten Punkt. Die Teilung selbst geschieht (vgl. Abb. 25) in der Weise, daß man zur Basis durch die Dreiecksspitze eine geteilte Gerade legt, auf der man $2\,CO_2 + CO$ nach links und H_2 vom so gefundenen Endpunkte nach rechts abträgt. Auf der Basis stellt

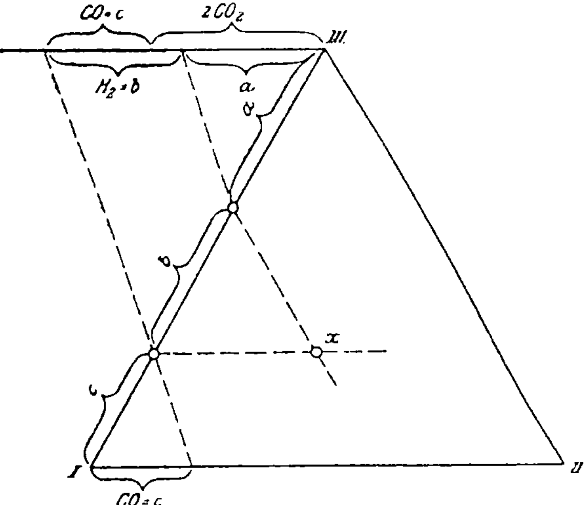

Abb. 25. Konstruktion des Punktes der Gasanalyse.

man den Punkt CO in gleichem Maßstabe fest, verbindet diesen mit dem Punkte $(2\,CO_2 + CO)$ und zieht durch den Punkt a die Parallele. Die beiden Schnittpunkte mit der Dreiecksseite sind aus leicht erkennbaren Gründen die gesuchten Teilungspunkte in der richtigen Anordnung.

Nachdem nunmehr jede Gasanalyse durch einen Punkt im Dreieck darstellbar ist, sei untersucht, was die verschiedenen Lagen eines Punktes im Dreieck praktisch bedeuten. Es ist dabei zu berücksichtigen, daß wir den Luftstickstoff, welcher nur verdünnend wirkt, aber nichts grundsätzlich verändert, der Übersichtlichkeit halber nach wie vor herauslassen. Sofern man ihn irgendwo zur Auswertung braucht, kann man ihn mit leichter Mühe wieder einführen. Beginnen wir mit den drei Ecken des Dreiecks, die wir schon kennen:

A = links unten stellt die vollständige Verbrennung des Kohlenstoffs mit Sauerstoff bzw. Luft dar. Je weiter ein Punkt in diese Ecke rutscht, um so vollständiger ist die trockene Verbrennung gewesen, der die Gasanalyse ent-

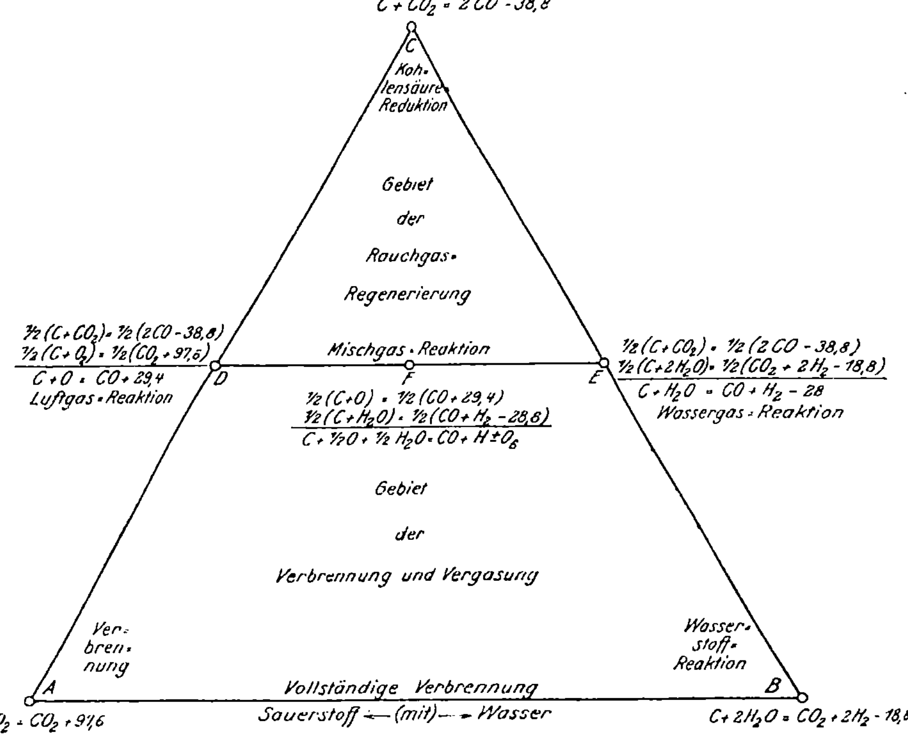

Abb. 26. Das Vergasungs-Dreieck.

stammt. Luftüberschuß ist ja vorher herausgerechnet wor-den. Luftmangel, der das Auftreten von Kohlenoxyd im Gefolge hat, läßt den Punkt nach oben, Wasserdampf, der Wasserstoffbildung veranlaßt, läßt den Punkt nach rechts rutschen.

B = rechts unten stellt die Wasserstoffreaktion (nicht die Wassergasreaktion), d. h. die vollständige Verbrennung von Kohlenstoff mit Wasser unter Ausschluß von Sauerstoff oder

Luft dar. Luftzutritt läßt den Punkt nach links, Reduktion (Auftreten von Kohlenoxyd) ihn nach oben rutschen.

$C =$ oben stellt die Reduktion der Kohlensäure zu Kohlenoxyd, d. h. die vollständige Verbrennung von Kohlenstoff durch Kohlensäure zu Kohlenoxyd unter Ausschluß von Luft bzw. Sauerstoff und Wasser dar. Sauerstoff läßt den Punkt nach links unten, Wasser ihn nach rechts. unten rutschen. Dieser Punkt ist „eigentlich" unmöglich, denn es tritt hier Kohlenstoff auf der linken Seite nicht nur als Element, sondern auch noch als Kohlensäure auf, und dieser Kohlenstoff ist definitionsgemäß reaktionsfremd. Mithin gilt Punkt C der Rauchgasreduktion, d. h. der Reduktion fertig irgendwoher stammender[1] Kohlensäure mit Kohlenstoff. Zwischen den Punkten A und C, und B und C muß also eine Grenze liegen, wo die Gebiete mit und ohne reaktionsfremden Kohlenstoff einander berühren. Es ist nicht schwer, diese Grenze zu finden. Vielmehr ist ohne weiteres klar, daß reaktionseigener Kohlenstoff im Höchstfalle soviel Kohlensäure zu Kohlenoxyd zu reduzieren vermag, daß er selbst ganz in Kohlenoxyd verwandelt wird. Dieser Punkt liegt aber genau in der Mitte der Dreiecksseite AB bei D und erfährt seine stöchiometrische Rechtfertigung dadurch, daß die Summe der je an diesem Punkte hälftig einzusetzenden Reaktionen tatsächlich die vollständige Verbrennung des Kohlenstoffs mit Sauerstoff zu Kohlenoxyd ergibt. Gleichzeitig stellt sich heraus, daß dies auch technisch ein „ausgezeichneter Punkt" ist, nämlich die Luftgasreaktion der Schmelzgeneratoren, Hochöfen und sonstigen trocken betriebenen Generatoren.

Durch die gleichen Überlegungen gelangen wir zu Punkt E zwischen der Kohlenoxydecke C und der Wasserstoffecke B. Dieser Punkt ist ebenfalls wichtig und stellt die Wassergasreaktion, die Verbrennung des Kohlenstoffs zu Kohlenoxyd und Wasserstoff mit Wasser dar. Entsprechende Überlegungen führen dazu, daß die gerade Verbindungslinie dieser beiden Punkte die gesuchte Trennungslinie zwischen dem großen Doppelgebiete der Vergasung und Verbrennung mit Sauerstoff und Luft einerseits und dem kleinen (auch praktisch wenig wichtigen) Gebiete der Verbrennung von Kohlenstoff zu Kohlenoxyd mit reaktionsfremder Kohlensäure, der Rauchgasregenerierung, ist.

Setzen wir das gleiche Manöver der Halbierung auf der

---

[1] „reaktionsfremder".

neugefundenen Grenzlinie *DE* dergestalt fort, daß wir Luftgas- und Wassergasreaktion je zu gleichen Teilen stattfinden lassen, was für alle drei Reaktionen folgende Verteilung ergibt:

$$25\% \text{ Kohlensäurereaktion,}$$
$$25\% \text{ Wasserstoffreaktion,}$$
$$50\% \text{ Kohlenoxydreaktion,}$$

so erhalten wir unter der in Abb. 26 angeführten stöchiometrischen Bestätigung in Punkt *F* die theoretische Mischgasreaktion.

Nun können wir bereits weitgehend einen nach den gegebenen Regeln ins Dreieck eingetragenen Analysenpunkt auswerten: Rauchgasanalysen haben sich *A* zu nähern. Jede Maßnahme ist zu fördern, die sie erfahrungsgemäß dorthin drängt, — jede zu vermeiden, welche sie von dort entfernt. Gichtgase von Hochöfen, Generatorluftgas, Koksgas von Schmelzgeneratoren haben sich Punkt *D* zu nähern und müssen dies im Rahmen des Trapezes *ABED* tun, sonst ist die Analyse falsch. Mischgeneratorgas hat Punkt *F*. anzustreben, und zwar in der Richtung nach rechts hin, weil links die wärmeverschwenderische Luftgasreaktion liegt. Wassergas muß Punkt *E* zu erreichen versuchen. Und, um die praktisch weniger wichtigen beiden anderen ausgezeichneten Fälle auch zu nennen: bei Generatoren für Wasserstoffbereitung ist Punkt *B* anzustreben, bei der Rauchgasregenerierung Punkt *C*.

Liegt in diesen Möglichkeiten schon eine große praktische Bedeutung unserer Dreiecke, so ermöglicht uns die Betrachtung der thermochemischen Verhältnisse bereits jetzt weitere wichtige Anwendungen: Wir sehen auf der Dreiecksseite *BC* lauter endotherme Reaktionen, denen die stark exotherme Verbrennungsspitze *A* gegenüberliegt. Dazwischen liegen die schwach exotherme Luftgasreaktion *D* und die thermoneutrale Mischgasreaktion *F*. Nun erinnere man sich des Aufgebotes an wissenschaftlichem und technischem Scharfsinn beim Streit über die Dellwik-Wassergasfrage. Nach dem vorliegenden Dreieck ist die Angelegenheit sofort klar zu übersehen. Man blies früher Wassergas nach *D* mit 29,4 Cal. je 1 Mol. C heiß. Da die Wassergasreaktion 28,8 Cal. je Mol. vergasten C verbraucht, konnte man ungefähr ebensoviel C beim Gasmachen vergasen, als man zum Heißblasen verbraucht hatte. Nach Dellwik nun bläst man nach *A* mit 97,6 Cal. je 1 Mol. C heiß, kann also für jedes beim Heißblasen verbrauchte Mol. C mehr als 3 Mol. C beim Gasmachen vergasen. Die beiden Verfahren sind also — und ebenso ihre Zwischenstadien — grundverschieden, womit aber natürlich über die damalige patentrechtliche Neuheit oder Nichtneuheit nichts gesagt ist.

Der thermoneutrale Punkt F der Mischgasreaktion legt den Wunsch nahe, die thermoneutrale Grenzlinie und sodann die Isothermen oder besser Isocaloren zu ziehen. Wir hätten davon den Vorteil, aus der Lage des Punktes unserer Gasanalyse sofort entnehmen zu können, mit welchem Wärmeverbrauch oder -gewinn die Reaktion arbeitet, der sie entstammt. Mit anderen Worten: Wir können aus der Lage des Punktes sofort die Wärmewirtschaftlichkeit unserer Vergasung bzw. Verbrennung beurteilen und die Maßnahmen abschätzen, welche zur Verbesserung der Punktlage, zur Verbesserung der Wärmewirtschaft erforderlich sind. Tatsächlich ist denn diese Neutrocalore mit der Schar der Isocaloren leicht auf Grund der Überlegung zu ziehen, daß die Teilung des Dreiecks proportionalen Anteilen der Eckreaktionen und folgerichtig entsprechenden additiven thermochemischen Verhältnissen entspricht (Abb. 27).

Auf der Neutrocalore liegen die Punkte aller derjenigen Gasanalysen, die ohne Wärmeabgabe und ohne Wärmeverbrauch entstehen. Auf ihr bzw. möglichst nahe an ihr sollen deshalb alle Mischgasanalysen liegen. Je näher die Mischgasanalyse der Neutrocalore kommt, gleichgültig im übrigen, ob es sich um einen normalen Mischgasgenerator handelt, der möglichst wenig Kohlensäure im Gas haben, also sich Punkt D nähern soll, oder um einen Mondgenerator, der ideal zwar viel Kohlensäure erzeugen muß, aber trotzdem ohne Wärmeverschwendung, d. h. bei der Neutrocalore, liegen kann. Interessant ist auch Punkt G, der die vollständige neutrocalorische Verbrennung von Kohlenstoff mit Luft und Wasser, d. h. den Idealzustand für Generatoren zur Wasserstoffgewinnung, darstellt. Entsprechend müssen Wassergasanalysen weit nach Punkt E und Gasanalysen vom Heißblasen möglichst weit weg von der Neutrocalore liegen. Interessant ist es auch, nach Isocaloren Gichtgasanalysen und Generatorgase von Schmelz- und Luftgasgeneratoren zu verfolgen, welche bei geringem natürlichen Wasserdampfgehalt auf der Isocalore ins Dreiecksinnere gleiten dürfen, aber sofort Wärmevergeudung anzeigen, wenn sie von dieser nach der A-Ecke hin abrutschen. Interessant ist ferner, wie stark wärmefressend die Rauchgasregeneration ist. Die Senkung der Neutrocaloren *HF* auf der *B*-Seite zur *BC*-Basis hin zeigt qualitativ und zahlenmäßig die thermochemische Überlegenheit des Wasserdampfes gegenüber der Kohlensäure als Kohlenstoffvergasungsmittel, eine Tatsache, auf die **Ferd. Fischer** bekanntlich wiederholt hingewiesen hat. Die Nei-

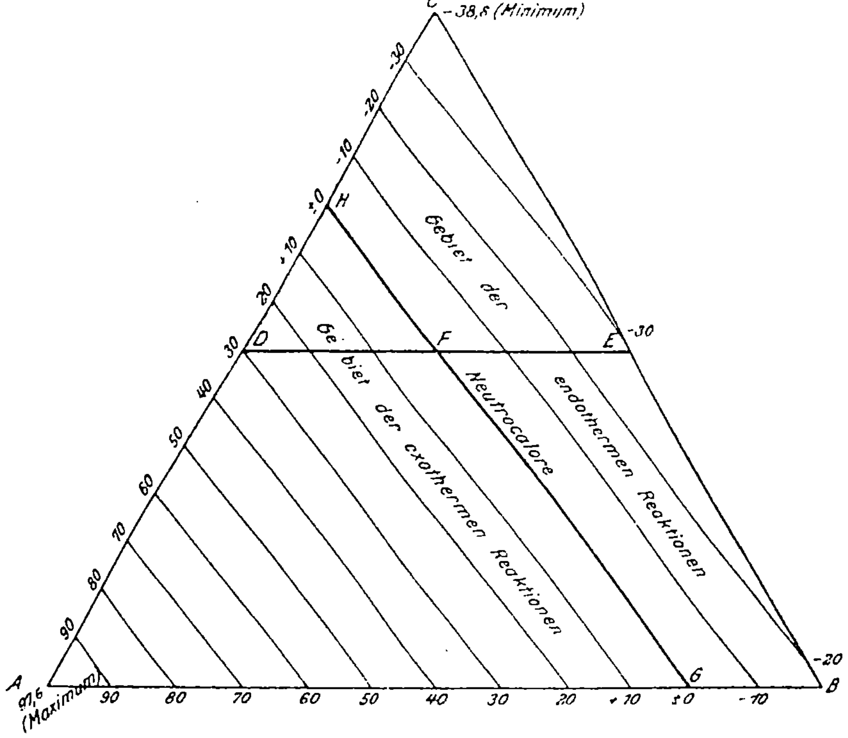

Abb. 27.   Die Isocaloren im Dreieck.

gung der Geraden *HFG* zeigt, daß in dem Maße mehr Kohlenstoff nutzlos zu Kohlensäure nach der Kohlensäuregleichung verbrannt werden muß, um die Neutrocalore oder irgendeine andere Isocalore zu erreichen, als man von Wasser zu Kohlensäure als Vergasungsmittel übergeht.

Für jeden Punkt des Dreiecks kann man natürlich sofort die empirische stöchiometrische und thermochemische Reaktionsgleichung ablesen, der das Gas sein Entstehen verdankt.

Da dieses praktisch wichtig ist, sei es als Beispiel für Punkt H und G durchgeführt:

Punkt H: $C + 0{,}3\ O_2 + 0{,}4\ CO_2 = 1{,}4\ CO \pm 0$,

Punkt G: $C + 0{,}15\ O_2 + 1{,}7\ H_2O = CO_2 + 1{,}7\ H_2 \pm 0$.

Besonders anschaulich werden die Verhältnisse, wenn man die erzeugten bzw. verbrauchten Wärmemengen senkrecht über dem Dreieck anträgt. Es entsteht dann ein isocalo-

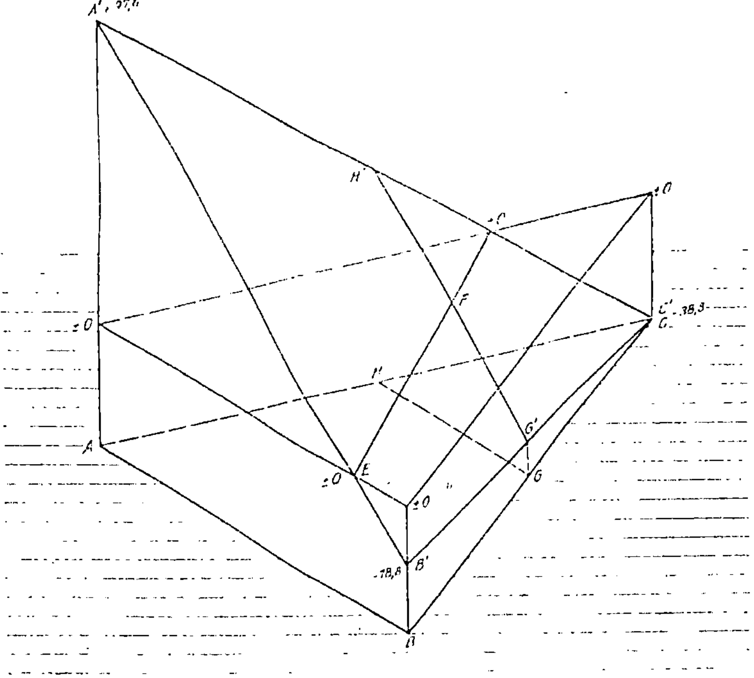

Abb. 28. Der isocalorische Körper.

rischer Körper (Abb. 28), der von einer die Calorineutralität darstellenden $\pm$ O-Ebene wagerecht geschnitten wird. Außerdem schneidet die $GHG'H'$-Ebene die mit reaktionsfremder Kohlensäure arbeitende Rauchgasregenerierungsspitze von dem großen Trapezoid ab, in dem die Generatorgasanalysen liegen. Zumal, wenn man sich einen solchen Körper aus Karton herstellt und durch Einzeichnung passender Netze Seitenflächen und die obere Dreiecksfläche ($A'B'C'$) benutzt, ist es außerordentlich aufklärend, das Wandern etwa einer Generatorgasanalyse mit wechselnden Betriebsbedingungen (z. B. Wechsel des Brennstoffes, der Schütthöhe, des Dampfzusatzes) zu verfolgen. Hierbei ergibt sich auch die Tatsache, daß man die wärmeökonomische thermoneutrale Ebene nur erreichen kann, wenn man entweder Wasserdampf oder reaktionsfremde Kohlensäure zusetzt. Darum müssen alle mit trockener Luft arbeitenden Generatoren entweder für gekoppelte chemische Reaktionen — etwa beim Hochofen und Schmelzgenerator die Reduktion des Eisens — Wärme abgeben oder ihr Gas auf gewaltig hohe Temperatur erhitzt abliefern, wenn anders sie nicht durch mangelhafte Wärmeisolierung oder dgl. in großem Umfange Wärme direkt vergeuden.

In vollkommen gleicher Weise, wie die thermochemischen Verhältnisse kann man natürlich auch zahlreiche andere Eigenschaften der Ausgangsstoffe oder des Gases als Isolinien in die Dreiecke einzeichnen bzw. als Isokörper auftragen. Beispielsweise können in dieser Weise die volumetrische Gasanalyse, der Brennwert, die Reaktionstemperatur, die Temperatur des entstehenden Gases, der Luftbedarf des Gases, das relative Volum der Rauchgase, Kohlen- und Wasserverbrauch zur Erzeugung von 1000 cbm Gas und vieles andere dargestellt und im praktischen Gebrauch abgelesen werden. Es ist dann leicht möglich, jede Versuchsreihe, jede Betriebsänderung in beliebiger Hinsicht laufend zu verfolgen und theoretische und praktische Regeln in unerwarteter Fülle abzuleiten. Ich habe eine Anzahl solcher Körper hergestellt und auch viele Analysenreihen auf diese Weise verfolgt. Veröffentlichungen darüber und über den betrieblichen Gebrauch solcher Hilfsmittel sind beabsichtigt.

Zusammenfassung.

1. Vergasungsvorgänge lassen sich eindeutig durch Angabe der Beträge darstellen, zu welchen die Reaktionen

$$C + O_2 = CO_2 + 97,6$$
$$C + 2\,H_2O = CO_2 + 2\,H_2 - 18,8$$
$$C + CO_2 = 2\,CO - 38,8$$

stattgefunden haben. Nach Ermittelung dieser drei Beträge läßt sich eine empirische Gleichung aufstellen, in der diese Beträge als Anteile a, b und c des vergasten Kohlenstoffs vorkommen, und die durch einen Punkt im Gibbsschen

Dreieck darstellbar ist. Die Auffindung des Punktes direkt aus der Gasanalyse ist leicht möglich.

2. Die Darstellung von Gasanalysen bzw. Reaktionsgleichungen für die Vergasung durch Punkte im Dreieck ermöglicht die unmittelbare Vergleichung und Beurteilung von Gasanalysen bzw. Vergasungsvorgängen.

3. Die übersichtliche Anordnung der sämtlichen denkbaren Vergasungsvorgänge gestattet ferner die Zuordnung ihrer thermochemischen, volumetrischen und anderen Eigenschaften, vorteilhaft im Raume.

4. Außer vertiefter theoretischer Einsicht in die Vergasungsvorgänge ermöglicht die neue Darstellungsweise der Praxis den Ersatz der gefühlsmäßigen Beurteilung von Gasanalysen durch eindeutige Feststellung des Einflusses jeder Betriebsänderung auf den Reaktionsverlauf sowie die praktische Auswertung der Änderung für Kohlenverbrauch, Wärmewirtschaft, Brennwert des Gases und ähnliches.

7. Auswertung der Abgasanalysen bei Generatorgasfeuerungen und Sauggasmotoren als Anwendung der Gibbsschen Dreieckskoordinaten.

Die vollständige Abgasanalyse laute etwa wie folgt:

A % Kohlensäure,
B % Kohlenoxyd,
C % Wasserstoff,
D % Sauerstoff,
E % Stickstoff.

Es könnten noch hinzukommen geringe Mengen Methan, ungesättigte Kohlenwasserstoffe u. dgl., sowie der Prozentgehalt des Wassers, bzw. der Taupunkt. Von diesen sei zunächst abgesehen.

Man kann annehmen, daß die Abgase sich aus folgenden drei Bestandteilen zusammensetzen:

1. verbranntes Generatorgas,
2. Luftüberschuß,
3. unverbranntes Generatorgas.

Diese Annahme ist nicht genau, da es auch teilweise verbranntes Generatorgas gibt. Doch dürfte die Dreiteilung ausreichen.

Diese drei Quellen tragen zu den einzelnen Bestandteilen des Abgases wie folgt bei:

	Kohlensäure	Kohlen-oxyd	Wasser-stoff	Sauerstoff	Stickstoff
P_1: verbranntes Generatorgas . . .	a_1	—	—	—	e_1
P_2: Luftüberschuß.	—	—	—	d_2	e_2
P_3: unverbranntes Generatorgas. .	a_3	b_3	c_3	d_3	e_3
Abgas	$a_1 + a_3 = A$	$b_3 = B$	$c_3 = C$	$d_2 + d_3 = D$	$e_1 + e_2 + e_3 = E$

Hieraus ergibt sich ohne weiteres, daß wir aus dem Kohlenoxyd- oder ebensogut aus dem Wasserstoffgehalt eines Abgases berechnen können, wieviel Prozent unverbrannte Gase es enthält.

Da ferner der Sauerstoffgehalt des Generatorgases d_3 meist verschwindend klein, jedenfalls aber bekannt ist, so läßt sich aus dem Sauerstoffgehalt der Abgase der Prozentgehalt der Abgase an überschüssiger Luft berechnen. Bekanntlich schließt übrigens ein Überschuß an Verbrennungsluft keineswegs das Vorhandensein unverbrannten Gases aus, weil die richtige Dosierung von Brenngas und Luft besonders im Motor noch längst nicht die richtige und vollständige Verbrennung gewährleistet.

Da definitionsgemäß die Summe der drei Anteile der Auspuffanalyse der Hundert gleich sind:

$$P_1 + P_2 + P_3 = 100,$$

so ist die Bedingungsgleichung

$$a + b + c = \text{konst.}$$

des Gibbsschen Dreiecks erfüllt und wir können unsere drei Anteile in dasselbe eintragen. Da nun aber die obigen Einzelbestandteile proportional dem Gehalt der Anteile sind und bekannte Höchstwerte erreichen, so können wir uns im Dreieck alle Rechnerei ersparen, indem wir ganz einfache Funktionsskalen einführen. Abb. 29 zeigt ein derartiges Dreieck. Der Gipfel stellt den Punkt vollständiger Verbrennung:

$$P_1 = 100,$$
$$P_2 = 0,$$
$$P_3 = 0$$

dar. Links unten liegt reine Verbrennungsluft unendlicher Luftüberschuß:

$$P_1 = 0,$$
$$P_2 = 100,$$
$$P_3 = 0.$$

Rechts unten liegt das reine Generatorgas:

$$P_1 = 0,$$
$$P_2 = 0,$$
$$P_3 = 100.$$

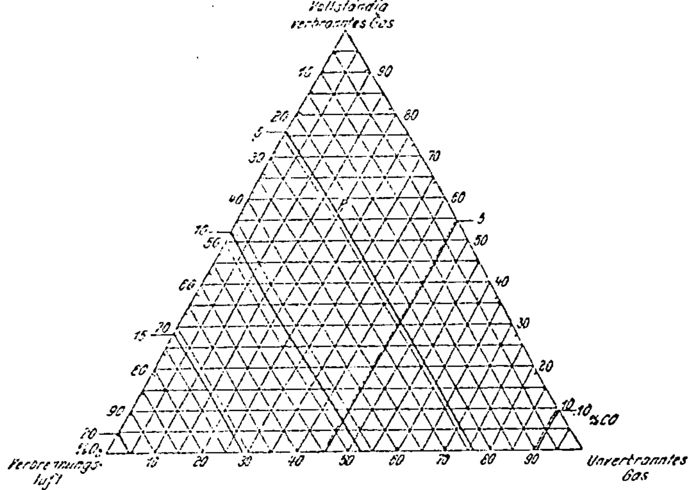

Abb. 29. Abgasdreieck für Generatorgas[1]).

Jeder Punkt in dem Dreieck stellt eine Auspuffgasanalyse dar und läßt ablesen, wieviele Volumprozente des Abgases verbranntes Gas, Frischluft und unverbranntes Gas sind.

---

[1]) Man findet den Beispielspunkt P, indem man auf den Hilfs·teilungen die analytisch gefundenen Gehalte des Abgases von 5% Sauerstoff und 2% Kohlenoxyd aufsucht. Die Lage des Punktes P im Dreieck läßt unmittelbar ablesen, daß in dem Abgas 58% vollständig verbrannte Gase, 18,5% unverbrannte Gase und 23,5% Frischluft vorhanden sind. Werden (auf Grund des Luftbedarfes nach der Generatorgasanalyse) noch von der Verbrennungsecke aus die Strahlen gleicher Verhältnisse unverbrauchter Luft und unverbrannten Gases gezogen, so kann man aus der Lage des Punktes P außerdem noch den prozentischen Luftmangel oder -überschuß ablesen. Entspre·chend können andere im Sonderfall erwünschte Ergebnisse sichtbar gemacht werden.

(Vgl. die Beschriftung der Dreiecksseiten.) Die Basislinie würde also sämtliche denkbaren Gemische zwischen unverbranntem Gas und Frischluft darstellen. Die linke Seite stellt sämtliche vollständig verbrannten Gemische mit verschiedenen Mengen Überschußluft dar, — die rechte sämtliche Gemische von Verbrennungsgasen und unverbrannt gebliebenem Gas ohne Überschußluft. Und jeder Punkt im Dreiecksfelde stellt eine Analyse dar, bei der die Dosierung richtig oder falsch, die Verbrennung vollkommen oder unvollkommen war, jedenfalls aber von allen drei Bestandteilen noch vorhanden ist. Natürlich ist der feuerungstechnische Wert der Analyse um so höher, je mehr der Analysenpunkt in die Verbrennungsecke rückt.

Man kann nun auch mit leichter Mühe einen von der Verbrennungsecke ausgehenden Strahl auf Grund einer einfachen stöchiometrischen Berechnung ziehen, auf dem alle richtig dosierten, wenn auch mehr oder weniger unvollkommen verbrannten Gemische liegen. Fällt der Punkt auf diese Linie, dann stimmt die Mischung, und es ist je nach der Entfernung von der Verbrennungsecke mehr oder weniger an Vorwärmung, Kontaktbrocken und anderen Verbesserungen der Verbrennung zu tun. Rechts davon war das Gemisch zu gasreich, links zu arm.

Diese Punkte, welche die Analysen darstellen, finden wir nun sehr leicht, wenn wir für die Luftecke uns eine Hilfsteilung auf den Sauerstoff (in der Abbildung an der linken Seite), für die Gasecke eine solche auf den ja bekannten und wenig wechselnden Kohlenoxydgehalt des Generatorgases (der ebenso brauchbare Wasserstoffgehalt ist weniger leicht zu bestimmen) beziehen (Abbildung rechte Seite). Zu diesem Zweck teilen wir die eine Seite in 21 Teile, weil 21% der Sauerstoffgehalt der Frischluft ist, und die andere in so viele Teile, als das Gas Prozente Kohlenoxyd enthält, — z. B. also 11 Teile. Wir können hiernach unmittelbar aus der Analyse den Punkt ohne weiteres eintragen und unsere Schlüsse aus seiner Lage ziehen.

Natürlich kann man nun auch noch beliebig viele andere Funktionsskalen zur Kontrolle und zu anderen Zwecken anbringen. Beispielsweise wird ja regelmäßig der Kohlensäuregehalt mit bestimmt. Dieser kommt im Generatorgas und im Verbrennungsgas, im ersten in bekannter, im zweiten in berechenbarer Höhe vor. Von dem gefundenen Punkte aus kann man also auf den hiernach sinngemäß angelegten zwei

Kohlensäureskalen die zugehörigen Prozentgehalte an Kohlensäure ablesen, deren Summe mit dem Analysenbefund übereinstimmen muß. Auch kann man, wenn dies praktisch erforderlich erscheint, an Stelle der Volumverhältnisse der Abgase, welche allerdings für die Eintragung des Punktes maßgebend bleiben, diejenigen des Brenngases und der Frischluft eintragen. Falls man den Taupunkt bestimmt, kann man — da der Wassergehalt sowohl aus Brenngas, als Frischluft, als Verbrennung stammt, drei Wasserskalen oder Taupunktskalen eintragen, deren sinngemäße Summe mit dem Analysenbefund übereinstimmen muß u. dgl. mehr.

Gegenüber dem Verfahren von Clare[1]), der in Parallelkoordinaten den Bruch

$$\frac{\%\ \text{Verbrennliches im Abgas}}{\%\ \text{Kohlensäure im Abgas}}$$

als Ordinaten anträgt und mit Hilfe einer abgeleiteten Formel eine Kurve einträgt, welche die Prozente unverbranntes Gas als Abszissen ablesen läßt, hat das vorliegende Verfahren nicht nur die Vorzüge größerer Genauigkeit und Einfachheit, sondern auch denjenigen größerer Vollständigkeit. Denn mit dem Prozentgehalt, den das Abgas an unverbranntem Gas enthält, ist dem Betriebsleiter nicht gedient, solange er nicht gleichzeitig weiß, wieviel überschüssige Luft gleichzeitig anwesend ist.

Auf Grund solcher Überlegungen sind von der Wärmestelle Düsseldorf Dreiecke für die verschiedensten Brennstoffe ausgearbeitet worden, welche für Wärmeersparnis in Betrieben Anwendung finden.

Statt, wie vorliegend, von der Gleichung:

$$\text{Verbranntes} + \text{Unverbranntes} + \text{Luftüberschuß} = 190\%\ \text{Abgas}$$

auszugehen, kann man natürlich auch Dreiecke für Gleichungen aufstellen, die die Verteilung des Sauerstoffes usw. zur Grundlage haben.

8. Verschiedene Anwendungsbeispiele.

a) Graphische Systematik der Kohlenwasserstoffe als Beispiel für die Methode der übergebreiteten kartesischen Netze.

Die Strukturchemie ist der Ausdruck dafür, daß die in ihr dargestellten chemischen Tatsachen gleichen Mannigfaltigkeitscharakter haben wie die ihnen zugeordneten einfachen algebraischen und geometrischen Tatsachen. Es liegt

---

[1]) Gasworld 1918, 16. März, S. 7.

daher der Wunsch nahe, diese einfachen Beziehungen zur Anschauung zu bringen, um auf diese Weise eine unmittelbare Übersicht über den Mannigfaltigkeitscharakter der betr. Tatsachen zu erhalten. Versuche in dieser Hinsicht stellen auf algebraischer Seite die homologen Reihen, in geometrischer Hinsicht u. a. die „graphochemischen" Arbeiten von Nickel[1]) dar. Hier soll zunächst versucht werden, die einfachsten Verhältnisse dieser Art, nämlich die Kohlenwasserstoffe, in ähnlicher Weise zu behandeln.

Zwischen der prozentischen und der rationellen Zusammensetzung der Kohlenwasserstoffe besteht der bekannte sehr einfache Zusammenhang. Stellt man diesen in gewöhnlichen Koordinaten dar, indem man das Verhältnis der Prozentgehalte H und C als Ordinaten, das Verhältnis der Atome H und C als Abszissen benutzt, dann erhält man eine beiderseits begrenzte Gerade. Der eine Endpunkt wird vom Methan als der wasserstoffreichsten Möglichkeit, der andere durch reinen Kohlenstoff als dem kohlenstoffreichsten Kohlenwasserstoff gebildet. Außerhalb der Geraden kann nach der Definition des Atomgewichtsbegriffes kein Kohlenwasserstoff liegen. Auf der Geraden gibt es zwei weitere „ausgezeichnete" Punkte, denjenigen für die Gesamtheit der Olefine mit

$$H/C = 2 : 1;$$
$$\% \, H / \% \, C = 0{,}167$$

und denjenigen für Benzol und Azetylen mit

$$H/C = 1 : 1;$$
$$\% \, H / \% \, C = 0{,}083.$$

Dem ersteren nähern sich vom Methan her die Paraffine, so daß er den Minimalwert für größtes Molekulargewicht für diese bildet; er selbst stellt die Gesamtheit der Olefine dar und bildet den Höchstwert für höchste Molargewichte der aromatischen Kohlenwasserstoffe, die sich von unten her nähern. Der andere ausgezeichnete Punkt — Benzol-Azetylen — bildet den Ausgangspunkt für die mit steigendem Molargewicht nach oben bis zum Olefinpunkt ansteigenden Reihen der aromatischen und der Azetylenkohlenwasserstoffe, sowie den Ausgangspunkt für die nach unten bis zum reinen Kohlenstoff führenden mehrringigen kohlenstoffreichen Kohlenwasserstoffe.

---

[1]) Zeitschr. f. phys. Chemie 1892, Bd. 9, S. 709 und spätere Arbeiten am gleichen Orte.

Da die Gerade der Abb. 30 eine zu gedrängte Übersicht über die Kohlenwasserstoffe ergibt, insbesondere die außerordentlich wichtigen Unterschiede im Molekulargewicht nicht zur Anschauung bringt, kann man daran denken, die Molargewichte senkrecht auf die Gerade zu errichten und die in der so bestimmten Ebene entstandenen Kurven zu betrachten. Auf diese Weise ist Abb. 31 entstanden, die die Molargewichte über der Doppelskala des Atom- und Prozentverhältnisses H : C aufgetragen enthält. Man sieht hier die homologen Reihen sich entwirren und ein übergebreitetes Koordinatennetz entstehen, das in Geraden die Atome C und in Kurven

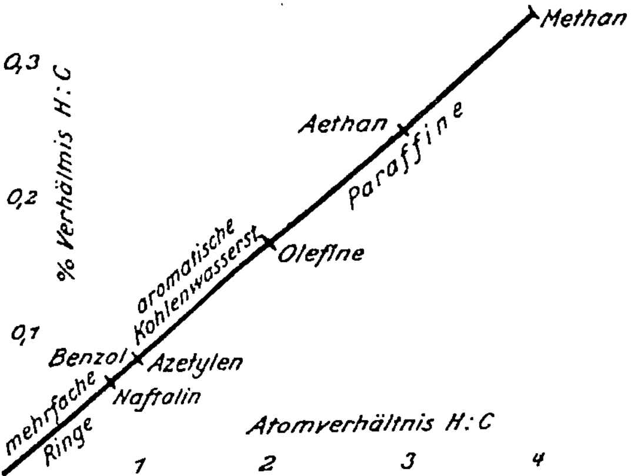

Abb. 30. Systematische Zusammenfassung sämtlicher Kohlenwasserstoffe zu einer Punktreihe auf einer Geraden.

die Atome H mißt. Es ist ohne weiteres einleuchtend, daß bei Anwendung des reziproken Verhältnisses (C/H) als Abszissen eine entsprechende Abbildung entsteht, auf der die Linien gleicher H-Atome gerade und die gleicher C-Atome gekrümmt sind. Es ist hier darauf hinzuweisen, daß die entstehenden Kurven nicht selbst die Kohlenwasserstoffe darstellen. Sie stellen nur ein Gesetz dar, dem die Kohlenwasserstoffe folgen. Erst ausgezeichnete Punkte der Kurven, insbesondere die Schnittpunkte mit anderen Kurven, zumal den Atomkurven oder -Koordinaten stellen wirkliche Kohlenwasserstoffe dar.

Ganz ähnliche Entwicklungen wie in Abb. 31 erhält man, wenn man als Koordinaten % H und Atome H, % C und Atome C, % H und Atome C und % C und Atome H wählt. Als Beispiel sei in Abb. 32 die letztgenannte Ausführung ge-

zeigt. Sie läßt ebenso wie Abb. 31 erkennen, daß außer den
Regelmäßigkeiten, von denen ausgegangen wird, noch andere
neue sich einstellen. Z. B. liegen Benzol, Naphtalin und Anthrazen auf einer Kurve, deren Fortsetzung zu Chrysen,
Picen und anderen Vielringen folgerichtig leitet. Auf Iso-
mere ist bei der Darstellung keine Rücksicht genommen.
Vielmehr gilt die Darstellung zunächst nur für die Molarformel ohne Rücksicht auf Einzelheiten der Struktur[1]).

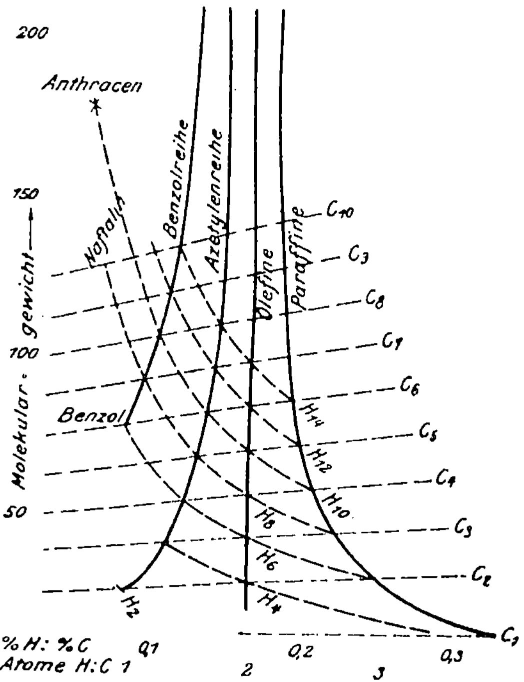

Abb. 31. Entwicklung der Kohlenwasserstoff-Geraden zu einem
Kennzugblatt durch Einführung des Molekulargewichts.

Transformiert man die Koordinaten derart, daß man als
kartesische Ordinaten und Abszissen Atome Kohlenstoff und
Wasserstoff benutzt, dann gehen die dargestellten Beziehungen noch weiter auseinander, und sämtliche Kurven-

---

[1]) Ebenso wie die M. M. Richtersche Registratur der organi-
schen Verbindungen; vgl. Berichte der chem. Ges. 1918, Bd. 51,
Heft 17 (Hofmann-Festschrift), S. 125ff.

züge glätten sich zu Geraden. Abb. 33 zeigt das so entstehende graphische Feld der Kohlenwasserstoffe

$$A\,B\,C\,D\,E\,F\,G\,.$$

Die Molargewichte gehen zu einer schrägliegenden Parallelenschar, die Prozentgehalte Wasserstoff bzw. Kohlenstoff zu einem Strahlenkranz von Geraden zusammen. Kennt man z. B. die Molarformel eines Kohlenwasserstoffes und sucht

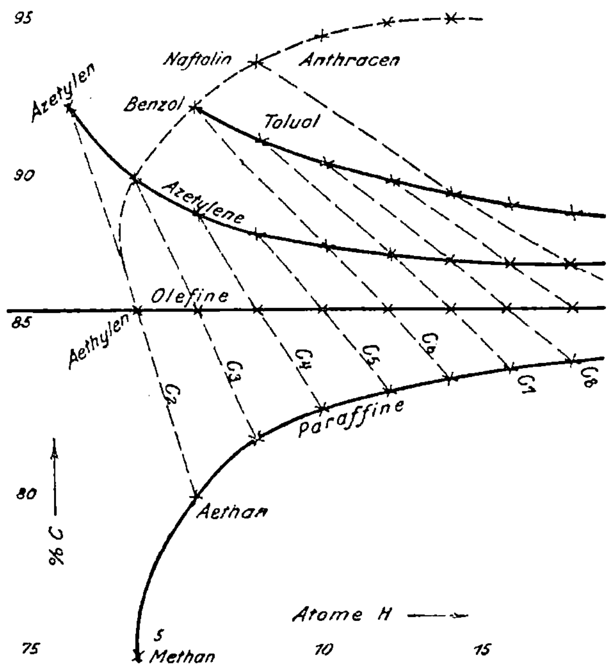

Abb. 32. Entwicklung der Kohlenwasserstoff-Geraden zu einem Kennzugblatt ohne Einführung des Molekulargewichtes.

ihn hiernach im kartesischen Koordinatennetz auf, so kann man unmittelbar aus dem übergelegten Koordinatennetz Molargewicht und prozentischen Wasserstoff- bzw. Kohlenstoffgehalt angeben. Umgekehrt kann man aus dem Wasserstoffgehalt eines Kohlenwasserstoffes und seinem Molargewicht seine Molarformel ablesen.

In dem ganzen Felde gehen die homologen Reihen zu Geraden zusammen, welche die bekannten chemischen Familieneigenschaften haben. Aber auch alle anderen Geraden im Felde bedeuten für die von ihnen getroffenen Kohlenwasserstoffe Reihen einer je nach der Lage der Geraden verschieden gearteten chemischen Verwandtschaft. Z. B. liegt

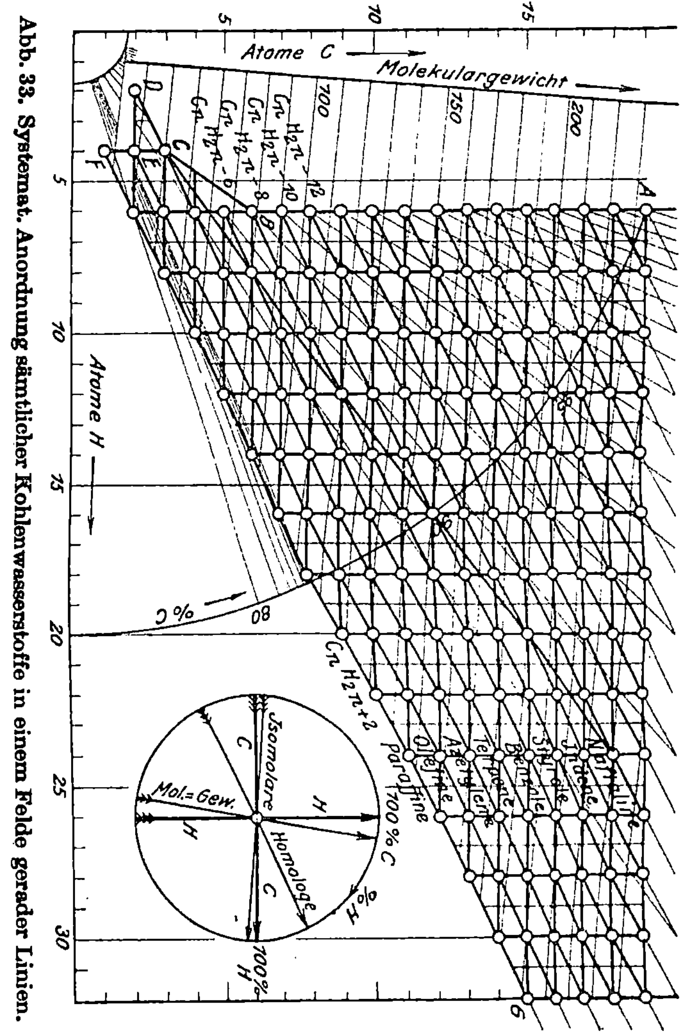

Abb. 33. Systemat. Anordnung sämtlicher Kohlenwasserstoffe in einem Felde gerader Linien.

die im Steinkohlenteer verwirklichte Reihenfolge Äthylen, Benzol, Naphtalin, Anthrazen, Chrysen, Picen auf einer Geraden. Es hat das seinen Grund darin, daß jede Gerade, welche in dem Felde Kohlenwasserstoffpunkte vereint, ein nach den vorausgesetzten Verbindungsprinzipien zutreffendes Gesetz enthält, das sich auch chemisch ausdrücken muß.

Im einzelnen zeigen auch die Strahlen gleichen Wasserstoffgehaltes entsprechende Eigenarten. Beispielsweise ist ohne weiteres abzulesen, daß bei den Paraffinen jede Molarformel durch einen einzigen Wasserstoffgehalt eindeutig bestimmt ist, und daß diese Bestimmung um so unsicherer wird, je höher Molargewicht oder Kohlenstoffgehalt steigen. Weiß man also, daß ein Stoff ein Paraffin ist, so ist er bei Kenntnis seines Wasserstoffgehaltes eindeutig definiert, und man kann sogar den gefundenen Wasserstoffgehalt rechnerisch kontrollieren. Bei den Olefinen ist der Wasserstoffgehalt konstant. Bei den weiteren Reihen „paßt" zu jedem Wasserstoffgehalt nur eine jeweils geringe Zahl von Kohlenwasserstoffen. Beispielsweise kann ein Wasserstoffgehalt von 10% nur einem Kohlenwasserstoff C_3H_4 der Azetylenreihe oder einem solchen C_6H_8 der Terpenreihe, C_6H_{12} der Benzolreihe usw., aber keinem zwischenliegenden zukommen.

Das Kohlenwasserstoffeld ist nach unten zu scharf und eindeutig begrenzt durch die Paraffine. Die „Schuhecke" links unten ist erfahrungsmäßig begrenzt durch die Stoffe: Methan, Äthylen, Azetylen und Benzol, während die linke Grenze AB ziemlich unbestimmt zu sein scheint.

Interessant ist ferner noch eine anscheinend vorliegende allgemeine Verteilung des chemischen Stoffcharakters. Während auf der Linie FG die chemisch recht indifferenten Paraffine des Erdöls liegen, ist das Heer der Kohlenwasserstoffe des Steinkohlenteers in der Richtung BA zu suchen. Zwischen diesen beiden Richtungen sind die unbeständigeren, aktiveren Kohlenwasserstoffe des Braunkohlenteeres, der Harze, des Holzes usw. bis herab zu den Olefinen und Azetylenen zu suchen.

Den Vorzug der Darstellungsweise gemäß Abb. 33 erblicke ich darin, daß für ein beliebiges Gebiet die Gesamtheit der möglichen Molarformeln erschöpfend[1]) und übersichtlich geordnet dargestellt und die Gesamtheit der unmöglichen Molarformeln selbsttätig ausgeschaltet wird. Einer solchen Darstellung kann man außer Molargewicht und Wasserstoff- bzw. Kohlenstoffgehalt noch andere Eigenschaften zuordnen — wie sich ja ganz allgemein aus jeder — wenn auch zunächst noch

---

[1]) Natürlich aber noch nicht eindeutig in bezug auf die Struktur.

so unvollständig erscheinenden systematischen Ordnung
anderweitige Gesetzmäßigkeiten erfahrungsgemäß leichter
übersehen bzw. finden lassen.

**b) Zwei Brennstoffbewertungs-Rechentafeln als Beispiele für die
Anwendung von Fluchtlinien-Koordinaten.**

Es handelt sich bei den nachstehend beschriebenen beiden
Rechentafeln darum, graphisch Multiplikationen auszuführen, und zwar in je drei aneinandergereihten Tafeln bis
zu drei Mal hintereinander. Dies gelingt durch Fluchtlinien
mit gleichförmigen Teilungen dann, wenn man die mittlere
Leiter entsprechend schräg legt. Wendet man statt dessen
logarithmische Teilungen an, so führt man die Multiplikation
auf eine Addierung der Logarithmen zurück, benötigt also
nur Additionstafeln. Additions-Fluchtlinientafeln haben aber
parallele Leitern, so daß die Tafel dann das Gesicht der
Abb. 35 [1]) annimmt, wodurch mit Leichtigkeit größerer Um-
fang und größere Ablesegenauigkeit zu erzielen sind.

Die Rechentafeln ermöglichen die vergleichende Bewer-
tung von Brennstoffen und Brennstoffangeboten.

Für die verschiedenen Brennstoffverbraucher erscheint
der Wert der verschiedenen Brennstoffe sehr verschieden.
Der Kraftfahrer bemißt den Wert eines „Kraft"stoffes nach
Kilometern für die Mark. Der Besitzer einer Benoidluftgas-
anlage bemißt den Wert des Brennstoffes in Heizwert $\times$ Ku-
bikmeterzahl des je 1 l Benzol erzeugten Gases. Der Besitzer
von Lötlampen, die er mit Benzol betreibt, mißt den Wert
in Brennstunden und Wärmeleistung, der Motorpflugbesitzer
in Hektar $\times$ Pflügtiefe, und andere Brennstoffverbraucher
haben wieder andere Bewertungen.

Alle diese verschiedenen Bewertungen lassen sich auf ein
gemeinsames Maß zurückführen. Alle Verbraucher interessiert
in erster Linie die Frage: „Was kosten 1000 Wärmeeinheiten?"
Daraus läßt sich alles andere ableiten.

Die diesbezüglichen Rechnungen sind wohl einfach aber
vielgestaltig, und führen nur zu leicht zu Versehen. Um
solche Versehen auszuschließen und um Rechnungen zu vermeiden, wurde umstehende Rechentafel erdacht, die es ermöglicht, ohne jede Mühe im Augenblick beliebige Preis-
angebote miteinander zu vergleichen.

---

[1]) Diese Tafel wird vom Benzol-Verband in Bochum in
Taschenformat mit anhängendem Lineal und Futteral hergestellt
und zum Selbstkostenpreis von 1 M. an Interessenten abgegeben.

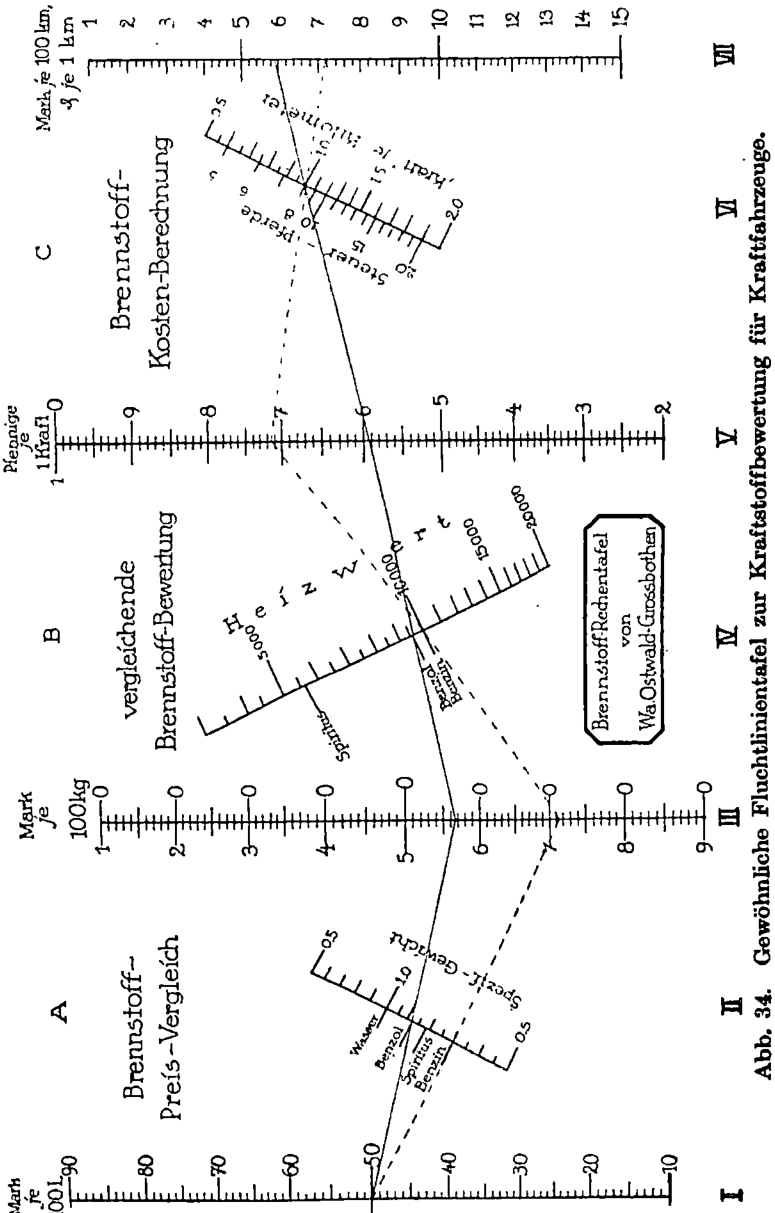

Abb. 34. Gewöhnliche Fluchtlinientafel zur Kraftstoffbewertung für Kraftfahrzeuge.

Beispiel.

Es wurden angeboten:

1. Benzin,	spez.	Gewicht	0,70,	Preis M.	50,— die	100 l,
2. ,,	,,	,,	0,70,	,, ,,	71,50 ,,	100 kg,
3. Benzol,	,,	,,	0,88,	,, ,,	50,— ,,	100 l,
4. ,,	,,	,,	0,88,	,, ,,	57,— ,,	100 kg.

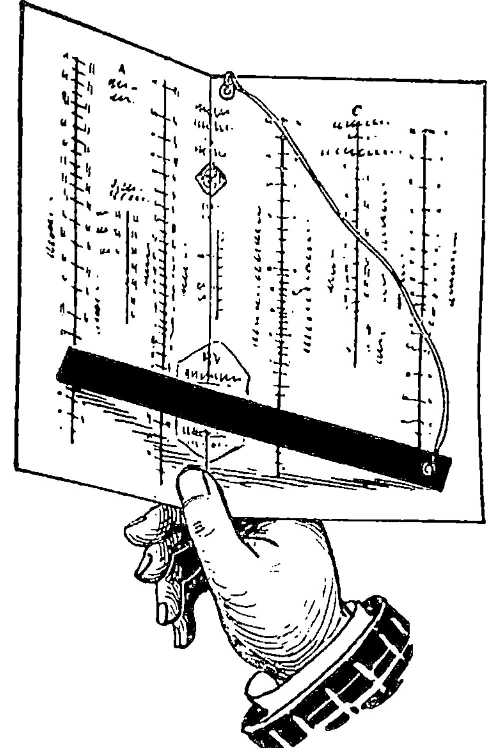

Abb. 35 a. Ausführung und Handhabung der B. V.-Tafel als Taschentafel.

Zum Vergleich führen wir diese Angebote zunächst auf eine gemeinsame Mengeeinheit zurück, also auf 100 l oder 100 kg. Dies geschieht, indem wir die 100-Literangebote auf Leiter I aufsuchen und von dem betreffenden Punkt durch den auf Leiter II aufgesuchten Punkt des spez. Gewichtes eine gerade Linie nach Leiter III hinüberlegen. Dort lesen wir den Preis für 100 kg direkt ab.

Führen wir dies für unser erstes Brennstoffangebot von M. 50,— für 100 l Benzin vom spez. Gewicht 0,70 aus, wie die eingezeichnete Linie es zeigt, so finden wir, daß 100 kg von diesem Benzin M. 71,50 kosten. Da unser anderes Benzinangebot auf 100 kg ebenfalls M. 71,50 lautete, so sind die Angebote 1 und 2 untereinander gleichwertig.

Abb. 35b. Ausführung der B. V.-Taschentafel.

Umgekehrt wollen wir aus Angebot 4 (100 kg Benzol M. 57,—) den 100-Literpreis für Benzol berechnen. Wir ziehen zu diesem Zweck von Leiter III von 57,0 aus eine Gerade durch den mit Benzol (0,88) bezeichneten Punkt der Leiter II und kommen genau auf der 50 in Leiter I an. Wir sehen, daß auch die Angebote 3 und 4 gleichwertig sind.

Nun müssen wir aber noch die Benzin- und Benzolangebote untereinander vergleichen. Dies geschieht mit Hilfe der Teiltafel B. Wir wissen aus unseren ersten Rechnungen, daß 100 kg Benzin M. 71,50 und 100 kg Benzol M. 57,— kosten.

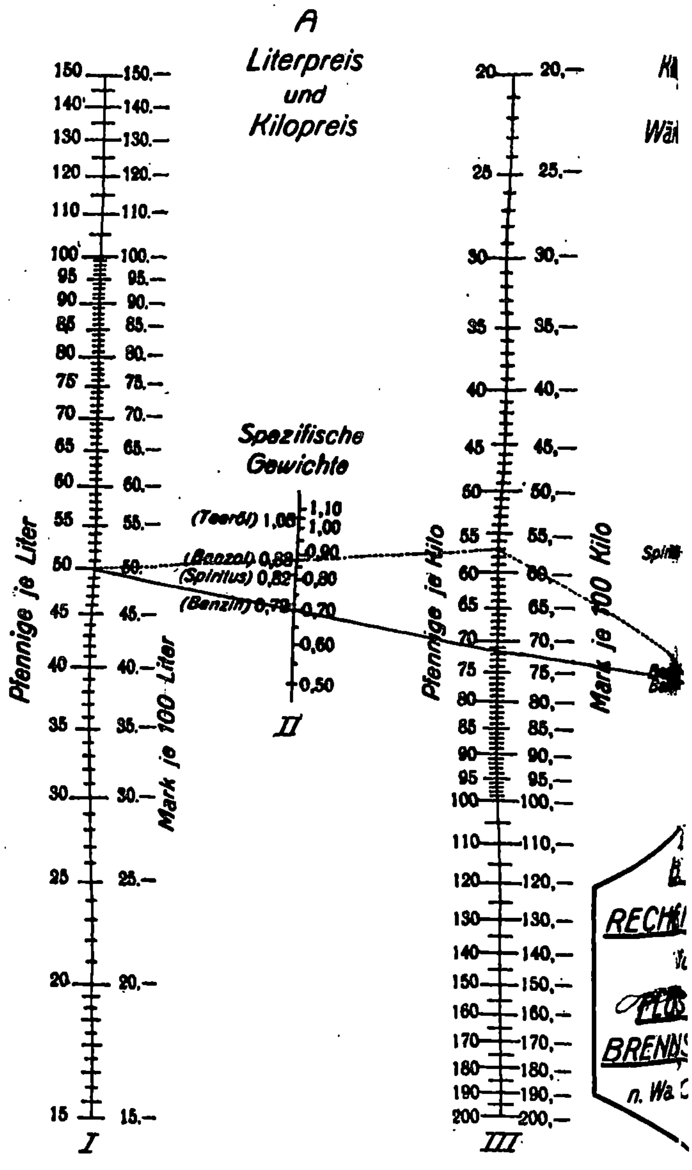

Abb. 25c. Logarithmische Fluchtlinientafel zur Kra

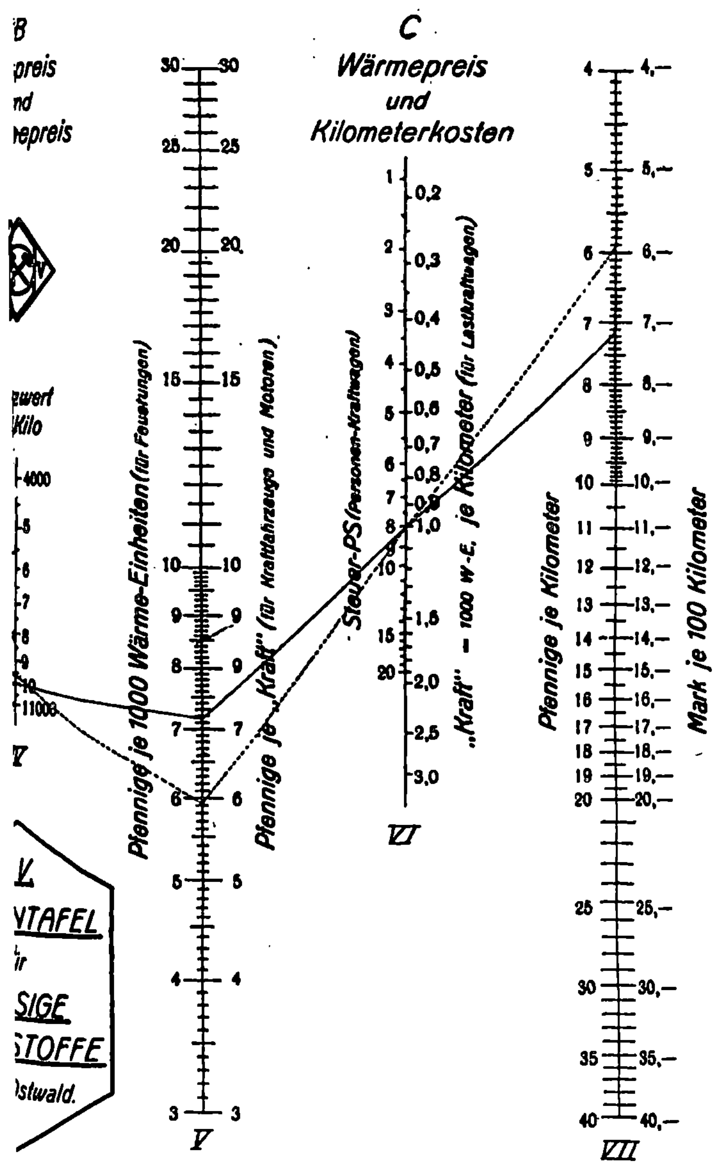

tstoffbewertung (besonders bei Kraftfahrzeugen).

Die Zwischenleiter IV gibt die Heizwerte an, wobei Benzin und Benzol durch besonders bemerkte Punkte kenntlich gemacht sind. Wieder sind die beiden Beispiele durch eine glatte und eine punktierte Linie eingetragen und wir lesen auf Leiter V ohne weiteres ab, daß 1000 Kalorien von dem angebotenen Benzol nicht ganz 6 Pfg., 1000 Kalorien von dem angebotenen Benzin 7,2 Pfg. kosten. Das Benzin ist im vorliegenden Falle also 20% teurer als das angebotene Benzol.

Für Kraftfahrer hat man die Energiemenge von 1000 Kalorien den Namen „1 Kraft" gegeben. „1 Kraft" von dem angebotenen Benzin kostet also 7,2 Pfg., „1 Kraft" von dem angebotenen Benzol hingegen nur 6 Pfg. Diese Einheit hat für die Kraftfahrer deshalb besondere Bedeutung, weil sie diejenige Brennstoffmenge (Wärmemenge) ist, welche ein 8-steuerpferdiger Wagen bei sparsamer Einstellung für 1 km Fahrt verbraucht. Der Besitzer eines solchen Kraftwagens würde also, wenn er das angebotene Benzin kaufen würde, nicht weniger als 20% höhere Brennstoffkosten haben, als wenn er von dem Benzolangebot Gebrauch machte, nämlich je Kilometer 7,2 Pfg. statt nur 6 Pfg. verbraucht.

Nun haben nicht alle Kraftfahrer gerade 8-PS.-Wagen und trotzdem werden viele sich dafür interessieren, wieviel sie in Mark und Pfennigen an Brennstoffkosten sparen können, wenn sie den einen oder anderen Brennstoff benutzen. Es ist deshalb noch die Teiltafel C angefügt, welche in gleich einfacher Weise die Berechnung der Brennstoffkosten in Mark je 100 km oder in Pfennigen je Kilometer für beliebige Kraftfahrzeuge ermöglicht.

Die Zwischenleiter VI zeigt zu diesem Zwecke eine Teilung in PS.-Stärken. Das eingezeichnete Beispiel ist für den 8-Steuer-PS-Wagen durchgeführt. Außerdem ist auf Leiter VI noch eine zweite Teilung für „Kraft" je Kilometer vorgesehen, weil viele Kraftfahrer wissen, wie groß in „Krafts" der Brennstoffverbrauch ihres Wagens ist.

c) Rechentafel zur Volumreduktion von Gasen als Beispiel für die Anwendung von Fluchtlinien in schwierigen Fällen.

Die häufige Arbeit der Reduktion eines Gasvolums z. B. auf Trockenheit, 0 Grad und 760 mm Druck geschieht bekanntlich nach der Formel:

$$V_0 = \frac{b-p}{760} \cdot \frac{273}{273+t}\, V,$$

in der

$$V_0 = \text{reduziertes Volum,}$$
$$V = \text{gemessenes Volum,}$$
$$b = \text{Barometerstand,}$$
$$it = \text{Messungstemperatur,}$$
$$p = \text{Dampfdruck des Wassers}$$
bei der betr. Temperatur bedeuten[1]).

Den Dampfdruck muß man einer Tabelle oder Kurve entnehmen, weil eine befriedigende Formel noch nicht aufgestellt wurde[2]).

Zur Vereinfachung der lästigen Berechnung sind Tabellen[3]) benutzt worden. Hofsäß[4]) hat außerdem ein Kurvenblatt (Abb. 36) mitgeteilt, das besonders zusammen mit einer Ableserolle eine verhältnismäßig bequeme Ermittlung der Werte ermöglicht. Dadurch aber, daß in diesem Kurvenblatt drei Linienscharen einander kreuzen, bleibt die Ablesung anstrengend und sind Ablesefehler leicht möglich. Diese von Hofsäß selbst beklagte Anhäufung von Linien wird vermieden bei Fluchtlinientafeln[5]). Es lag deshalb der Wunsch nahe, dieses für Rechenzwecke ausgezeichnete, den kartesischen Koordinaten weitaus überlegene[6]) Hilfsmittel auch bei dem vorliegenden Falle anzuwenden.

Dem steht die Schwierigkeit entgegen, daß — wie oben dargelegt — die Abhängigkeit des reduzierten vom gemessenen Volum nicht formelmäßig darstellbar ist, der übliche Weg der analytischen Berechnung der Fluchtlinientafel also versagt. Es wurde deshalb vorliegend ein ungewohnter Weg eingeschlagen, den man „experimentelle" Graphik nennen kann und der anscheinend zum Ziele führt.

Es ist dabei davon auszugehen, daß keine absolute, sondern nur eine relative Genauigkeit der Rechnung für ein verhältnismäßig enges Gebiet angestrebt wird und angesichts des Genauigkeitsgrades der zugrundeliegenden Volum-, Heiz-

---

[1]) Vgl. z. B. Strache, Gasbeleuchtung und Gasindustrie, S. 1096.
[2]) Vgl. z. B. Wilhelm Ostwald, Grundriß 1909, S. 70.
[3]) Strache, l. c. S. 1096 und viele andere.
[4]) Zeitschr. f. angew. Chemie **82**, 319 (1919); weitere Literaturstellen daselbst zitiert.
[5]) d'Ocagne, Traité de Nomographie, 1899; v. Pirani, Graphische Darstellung, Sammlung Göschen Bd. 728 (1914); C. Runge, Graphische Methoden, 1915.
[6]) Für das Studium des Verlaufes einer Funktion sind umgekehrt die Linienkoordinaten nicht, die Punktkoordinaten hervorragend geeignet.

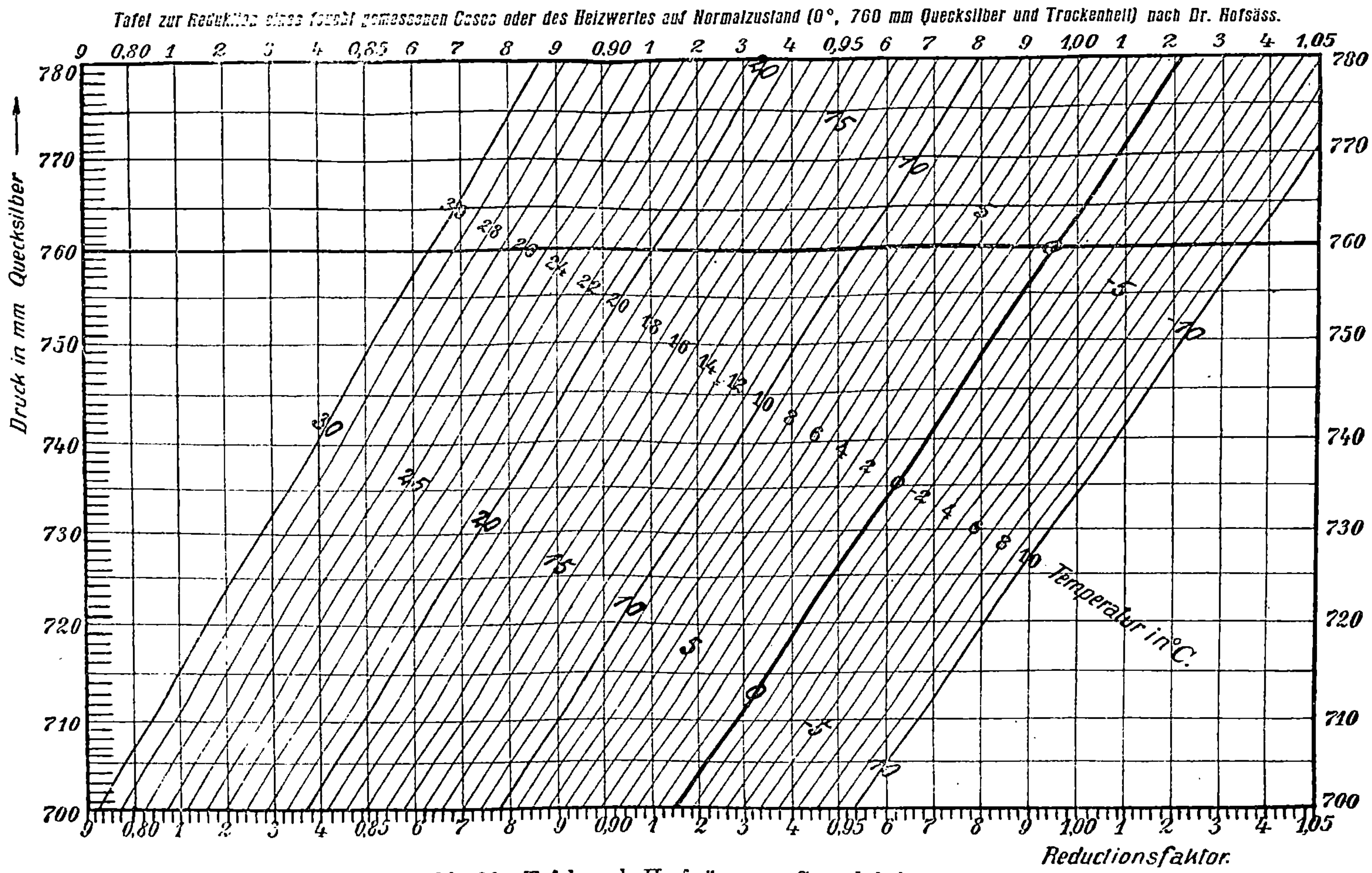

Abb. 36. Tafel nach Hofsäss zur Gasreduktion.

wert-, Druck- usw. -Bestimmungen vernünftig ist. Eine unter diesen Verhältnissen anwendbar erscheinende Interpolationsformel für die Dampfdruckkurve ist aber von Bertrand[1]) wie folgt angegeben worden:

$$p = u\left(\frac{T + v}{T}\right)^{50},$$

worin T die absolute Temperatur, u und v die Konstanten sind.

Setzt man diesen Näherungswert in die Reduktionsformel ein, so entsteht ein Ausdruck, der einer Fluchtlinientafel entspricht, welche zwischen zwei logarithmisch geteilten geraden und parallelen Skalen für b und den Reduktionsfaktor f eine gekrümmte Skala für T oder t enthält. Man würde also hiernach eine sehr befriedigende Fluchtlinientafel für die Abhängigkeit des Reduktionsfaktors von b und t nach der Bertrandschen Formel berechnen können.

Nachdem man aber durch obige Überlegung den erforderlichen Charakter der Fluchtlinientafel erkannt hat, kann man sich die ganze umständliche Berechnung und Konstruktion des krummlinigen Skalenträgers nach der Näherungsformel ersparen, indem man zwei parallele logarithmische Skalen für p und f anlegt und durch Verbindung von aus den Tabellen entnommenen „richtigen" Werten für p und f den Skalenträger für t mit aller gewürschten Genauigkeit konstruiert. Die dabei bestehende Gefahr, daß der unbekannte Charakter der Dampfdruckfunktion aus der Tafelart herausfällt, müßte sich durch schlechtes Schneiden der Fluchtlinien in den Skalenpunkten der t-Leiter ausdrücken. Im vorliegenden Falle hat sich bei der mit meinem (allerdings mangelhaftem) Auge erreichbaren Genauigkeit dieser Übelstand nicht gezeigt. Ja, es ist nicht einmal die erwartete Krümmung des Skalenträgers für t merkbar geworden. Vielmehr ist der Reduktionsfaktor der so entstandenen Tafel aus drei Parallelen mit etwa gleicher Genauigkeit zu entnehmen, wie der Stracheschen Tabelle bei Interpolieren oder der Hofsäßschen Tafel, — nur sehr viel bequemer[2]).

---

[1]) **Wilhelm Ostwald**, l. c., woselbst auch allgemein gezeigt wird, daß die Dampfdruckkurve einer Exponentialfunktion ähnelt.

[2]) **Paul Schreiber** hat (vgl. Chem. Zentralblatt 1920, I, S. 61 nach Phys. Zeitschr. 20, 496 [1919]) eine Näherungsformel:

$$\log p = \log k_1 + k_2 \log T$$

angegeben, welche in Fluchtlinien zu 2 nicht parallelen logarithmischen Leitern und einem Punkt führen würde. Leider ist mir die Originalarbeit noch nicht zugänglich.

Der sehr einfache Gebrauch der Tafel (Abb. 37) besteht
darin, daß man mit Hilfe eines Lineals die zur Messung
gehörigen Werte von Barometerstand und Temperatur miteinander verbindet und in der Verlängerung den dazu gehörigen Wert des Reduktionsfaktors abliest.

Die zugehörige Multiplikation des gemessenen Gasvolums
mit dem so ermittelten Reduktionsfaktor kann natürlich

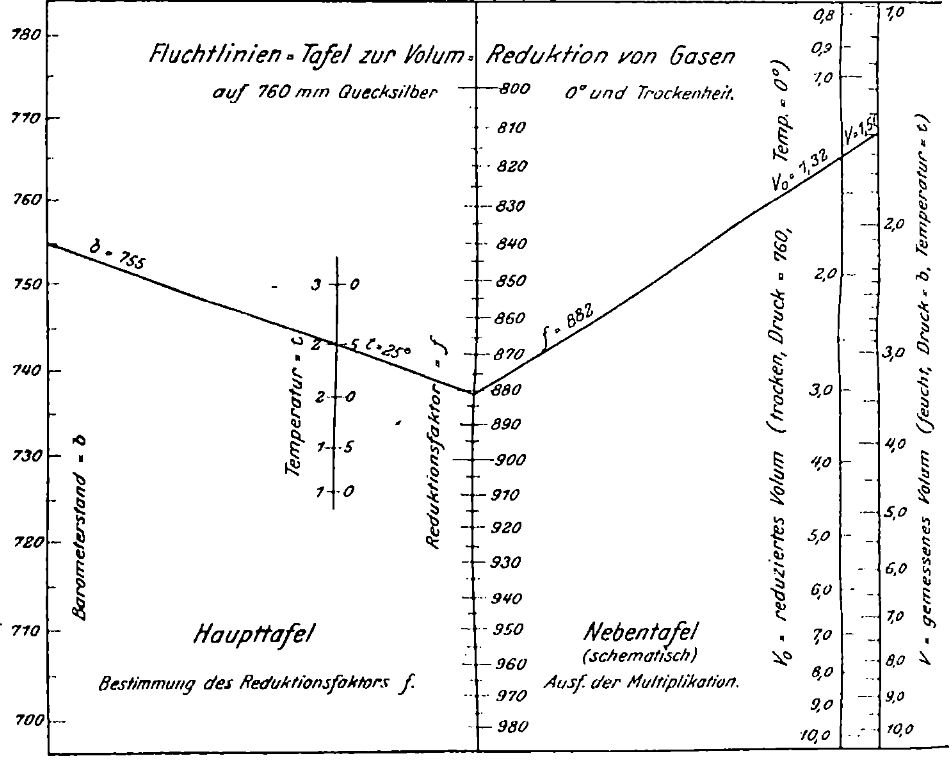

Abb. 37. Nomogramm nach Wa. Ostwald zur Gasreduktion.

durch eine Multiplikationstabelle oder -tafel besonders bequem erfolgen, wie schon Hofsäß angibt. Die Multiplika-
tionstafel läßt sich als Fluchtlinientafel in der in der Abbildung angedeuteten Weise (in Wirklichkeit macht man die
V_0- und V-Leitern vorteilhaft viel größer), gleich an die
f-Tafel angliedern, so daß man von dem gefundenen f aus
nur das Lineal zu dem dem gemessenen Volum entsprechenden

Werte der V-Leiter zu legen braucht, um V_0 ablesen zu können.

Eingezeichnet ist das Beispiel:

gef.: $b = 755$; $t = 25°$; feucht: $V = 1,50\,l$.

ber. für $b = 760$; $t = 0°$; trocken: $(f = 0,882)$; $V_0 = 1,32\,l$.

Die Mitteilung erfolgt einmal, weil die vorliegende Tafel praktisch sehr bequem zu sein scheint, — vor allem aber, weil die allgemeine Methode, analytisch nicht bekannte oder nicht ausdrückbare Funktionen in Fluchtlinientafeln unterzubringen, meines Wissens bisher noch nicht angewendet wurde. Solche Fälle kommen aber gerade in der Chemie häufig vor.

d) Graphische Analysenberechnung als Beispiel für die Anwendung von Dreieckskoordinaten.

Für Mischungen dreier Stoffe und ähnliche Fälle weist Gradenwitz[1]) auf die bekannte Methode hin, in einem rechtwinkligen Koordinatennetz die Konzentration eines der Stoffe und eine analytisch direkt bestimmte Eigenschaft des Gemisches als Koordinaten, die Konzentrationen des zweiten Stoffes als Kennlinien in das so entstehende Schaubild einzutragen und die Konzentration des dritten Stoffes als Differenz der beiden anderen Konzentrationen von 100 zu berechnen. Mit Recht weist er darauf hin, daß solche Kurvenblätter viel Rechnungen ersparen und die unmittelbare Ablesung von Analysenergebnissen gestatten. Ebenso macht er zutreffend darauf aufmerksam, daß das Ablesen solcher Schaublätter einige Übung erfordere, und das zweite von den gegebenen Beispielen (Essigäther, Alkohol, Wasser) zeigt, zu welchen unübersichtlichen und schwierigen Kurvenblättern die von ihm angewandte Methode führt. Es entsteht nämlich ein Koordinatensystem von krummlinigen Dreiecken, in welchem man die Werte ablesen muß. Um hier einige Genauigkeit zu erzielen, muß man sehr große Schaublätter herstellen. Außerdem ist es mit den größten Schwierigkeiten verknüpft, an Hand solcher Schaublätter andere Aufgaben zu lösen als die speziellen Analysen, für die das Schaublatt hergestellt ist. Man kann an solchen Schaublättern nicht übersehen, wann und bei welchen Konzentrationen die Stoffe sich mischen, wann nicht, ob das spezifische Gewicht oder der Brechungskoeffizient, der Siedepunkt, der Heizwert und

---

[1]) Chem.-Ztg. 1918, S. 221.

beliebige andere Eigenschaften einfache Funktionen der Konzentrationen sind, d. h. der Mischungsregel gehorchen oder nicht usw. Der Fehler der Gradenwitzschen Methode liegt darin, daß er nicht die unabhängigen Variabeln als Koordinaten benutzt, sondern eine unabhängige und eine abgeleitete oder (beim Essigäther) zwei abgeleitete. Die unabhängigen Variabeln solcher Gemische sind die Konzentrationen der Stoffe. Das spezifische Gewicht z. B. ist aber schon eine abgeleitete Variable, welche einem möglicherweise sehr kompliziertem Gesetz gehorcht, und dieses komplizierte Gesetz prägt sich dem ganzen Kurvenbild auf.

Die Verhältnisse werden sehr viel übersichtlicher, wenn man in bekannter Weise [2]) zur Darstellung der Prozentgleichung $x + y + z = 100$ nicht das rechtwinklige Koordinatensystem mit eingetragenen Schaulinien, sondern das Gibbssche Dreieck benutzt. In diesem Dreieck kann man jede Konzentration jedes einzelnen Stoffes mit gleichbleibender Genauigkeit ablesen. Im Gibbsschen Dreieck wird die Mischungsregel zur geraden Linie, und alle Verhältnisse der drei Stoffe gewinnen eine überraschende Übersichtlichkeit. Jedes Gemisch, das denkbar ist, wird im Gibbsschen Dreieck durch einen Punkt dargestellt. Gemische mit gleichen Eigenschaften erscheinen als Punkte, Linien oder Gebiete, so daß man mit einem Blick das Gesetz der betreffenden Eigenschaft ablesen kann.

Unsere Abb. 38 zeigt das System Alkohol-Benzol-Wasser, das praktische Bedeutung besitzt, weil es z. B. die Möglichkeit gewährt, Benzolspiritus durch Titration mit Wasser oder Benzol oder Alkohol oder einem Gemisch bekannter Zusammensetzung auf seinen Gehalt zu titrieren, wobei das Auftreten oder Verschwinden der Trübung den Indikator abgibt. In dem Dreieck sind die Konzentrationen des Wassers nach oben, die des Benzols nach der rechten unteren Ecke, die des Alkohols nach der linken unteren Ecke aufgetragen. Die Kennlinie, welche mit „absoluter Alkohol" bezeichnet ist, zeigt die Verhältnisse für das System. Alles, was rechts von dieser Kennlinie ist, mischt sich nicht; alles, was links von dieser Kennlinie ist, sind ungesättigte Gemische, und die Kennlinie selbst zeigt diejenigen Gemische, bei denen die erste Trübung gerade auftritt oder verschwindet. Beginnen wir mit reinem Wasser in der oberen Ecke, so sehen wir, daß

---

[2]) Vgl. z. B. W. Ostwald, Lehrbuch der allgemeinen Chemie, Bd. II, 1. Zeil: Verwandtschaftslehre, 2. Aufl., S. 983 ff.

Wasser und Benzol keine merkliche Löslichkeit ineinander
zeigen, da die ganze Linie rechts der Kennlinie belegen ist.
Umgekehrt sehen wir die linke Dreieckseite, welche sämtliche Gemische von Wasser und Alkohol, und die untere
Dreieckseite, welche sämtliche Gemische von Benzol und
Alkohol darstellt, links von der Kennlinie liegen. Es sind
also vollkommene gegenseitige Löslichkeiten vorhanden. Verfolgen wir die Linie von Wasser zum Alkohol weiter, so sehen

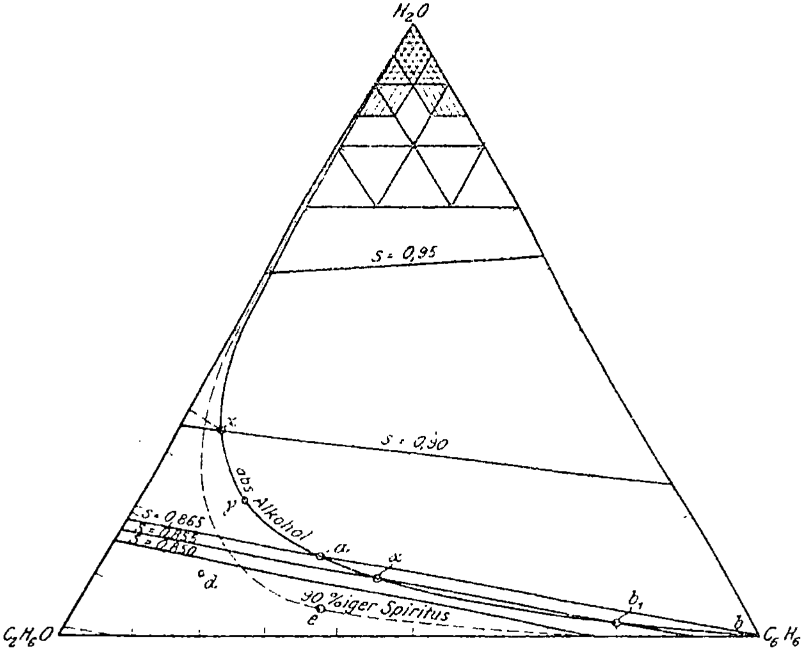

Abb. 38. Das Benzolspiritus-Dreieck.

wir, daß geringe Zusätze von Alkohol zu Wasser nur eine
außerordentlich kleine Löslichkeit für Benzol ergeben. Selbst
bei 50 proz. Spiritus ist das Lösungsvermögen für Benzol noch
nicht einmal auf 2% gestiegen. Sobald der Spiritus aber
konzentrierter wird, steigt das Lösungsvermögen für Benzol
außerordentlich. Ein 63 proz. Spiritus löst z. B. schon nicht
weniger als 6,5% Benzol, wobei ein Gemisch von 33,5% Wasser,
6,5% Benzol, 60% Alkohol entsteht (Punkt x in Abb. 38).
In dem Maße, als die Alkoholkonzentration weiter steigt,
nimmt das Lösungsvermögen für Benzol sehr stark zu.

Punkt y zeigt, daß ein 72proz. Spiritus 23% Benzol zu einem
Gemisch von 23ú% Benzol, 17% Wasser, 60% Alkohol löst.
Umgekehrt kann man auf der Dreiecksbais verfolgen, wie
durch Zusatz von Alkohol das Lösungsvermögen des Benzols
für Wasser sehr rasch zunimmt, dergestalt, daß schon 10%
Alkohol das Benzol über 1% Wasser lösen lassen. Will man
nun mit Hilfe dieser Kennlinie beispielsweise titrieren, so
sucht man so zu titrieren, daß man die Kurve möglichst
senkrecht schneidet, weil man auf diese Weise den schärfsten
Übergang erhoffen darf. Bei Gemischen z. B., welche viel
Benzol und viel Alkohol, aber nur wenig Wasser enthalten,
wird man vorteilhaft mit Wasser titrieren, weil man dadurch
den unteren Kurvenast senkrecht schneidet[1]).

In dieses Kurvenblatt kann man nun alle nur wünschens-
werten Eigenschaften, insbesondere auch die analytisch direkt
zu bestimmenden Größen eintragen. Soweit sie einfachen
Gesetzen gehorchen, stellen sie sich auch als Kurven einfach
dar. Beispielsweise kann man in unserer Abbildung die Heizwerte des Benzolspiritus in verschiedener Konzentration eintragen oder die Brechungsindices. Im Anschluß an das von
Gradenwitz gegebene Beispiel sind in unserer Abb. 38
einige spezifische Gewichte unter der wahrscheinlich an-
nähernd zutreffenden Voraussetzung eingetragen, daß sie der
Mischungsregel gehorchen. Wir sehen sofort, daß das spezifische Gewicht ein empfindliches Reagenz auf wasserreiche
Sorten von Benzolspiritus ist, daß es aber nahezu versagt,
sobald der Benzolspiritus alkohol- und benzolreich wird.
Z. B. gibt es zwei Grenzgemische von spezifischem Gewicht
0,855. Das eine hat die ungefähre Zusammensetzung von
48% Alkohol, 43% Benzol, 9% Wasser (Punkt a^1 des Schau-
blattes). Das andere hat die ungefähre Zusammensetzung:
17% Alkohol, 81% Benzol und 2% Wasser (Punkt b^1).
Ebenso gibt es ein Grenzgemisch (a), das das gleiche spezifische Gewicht hat wie das Benzol selbst. Im Kurvenblatt
sind für das spezifische Gewicht nur wenige Kennlinien angegeben. Es würde dem nichts im Wege stehen, die Zahl der
Kennlinien bis zur gewünschten Genauigkeit zu vermehren
und ein praktisch etwa besonders häufig vorkommendes Ge-

---

[1]) Die Methode des Titrierens von Benzolspiritus ohne Indikator
findet sich zuerst in Wa. O., „Autlerchemie" 1909, S. 26 ff., dann id.
Chem. Ztg. 1918, S. 365 ff. Die Abhängigkeit von der Temperatur
für Benzol- und Benzinspiritus ist in gleicher Weise dargestellt von
H. Adam in der „Autotechnik" 1919, Heft 1, S. 8 ff.

biet des Blattes in beliebig vergrößertem Maße zwecks Er-
zielung möglichst großer Genauigkeit aufzuzeichnen.

Als Beispiel für solche Fälle, wo, wie in der Technik zuweilen, nicht die chemisch reinen Stoffe, sondern irgendwelche Mischungen als unabhängige Variabeln anzusehen
sind, ist in unserer Abb. 38 außer der Alkoholkennlinie noch
eine Kennlinie für 90 proz. Spiritus punktiert eingetragen.
Mit ihrer Hilfe kann man aus dem Dreieck das Verhalten von

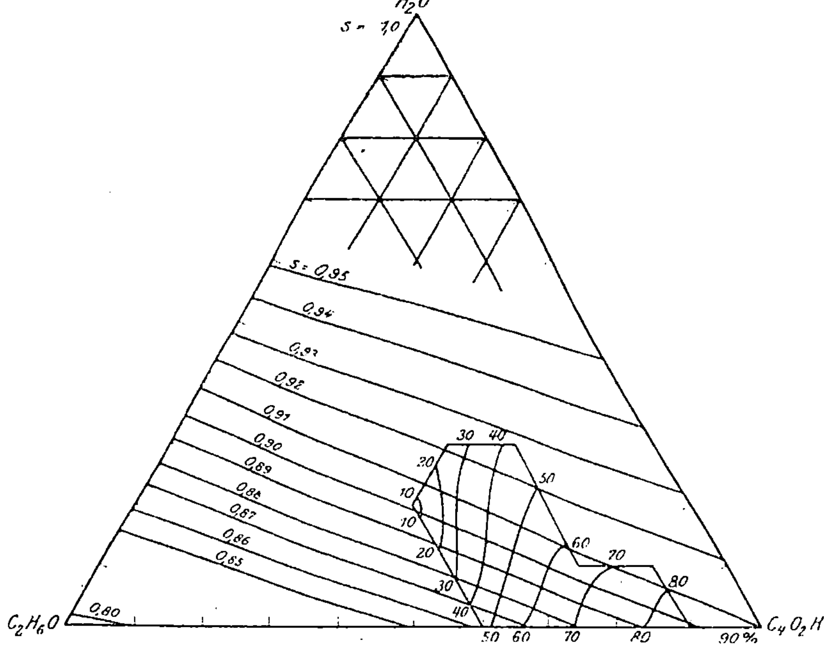

Abb. 39. Dreieck für das System Essigäther-Alkohol-Wasser.

beliebigen Gemischen von 90 proz. Spiritus, Benzol und
Wasser ablesen. Punkt *d* z. B. zeigt einen Benzolspiritus,
welcher aus 10% Wasser, 75% 90 proz. Alkohol und 15%
Benzol besteht. Man kann ohne weiteres ablesen, daß der
Benzolspiritus ungesättigt ist und Wasser wie Benzolzusatz
verträgt, ohne auszufallen. Er liegt ja links von der Kurve.
Punkt *e* wiederum besteht aus 60% 90 proz. Alkohol, 35%
Benzol und 5% Wasser. Er liegt auf der Grenze. Der ge-
ringste Zusatz von Wasser oder Benzol läßt sofort eine Trü-
bung durch Ausscheidung von Benzol auftreten.

Unsere Abb. 39 zeigt das System Essigäther-Alkohol-Wasser, wie es sich im Dreieck nach den spärlichen Angaben von Gradenwitz darstellt. Man sieht, wie das von lauter Kurven umschlossene Vieleck nach Gradenwitz sich in ein von lauter Geraden mit runden Werten umschlossenes Vieleck verwandelt hat, und erkennt vor allem auf den ersten Blick, daß das Gradenwitzsche Kurvenblatt nur einen kleinen Teil aus dem großen Arbeitsgebiete darstellt. Weiter sieht man, daß die angewandte Methode, spezifisches Gewicht und Ausschüttelungszahl zu bestimmen, gut und für hohe Konzentration von Essigäther offenbar sehr empfindlich ist, weil die spezifischen Gewichtsgeraden die Ausschüttelungskurven nahezu rechtwinklig kreuzen und weit auseinanderliegen. In dem Maße allerdings, als die Ätherkonzentration abnimmt, wird die Methode weniger empfindlich. Würde man nun den benötigten Teil des Kurvenblattes gleich groß darstellen, wie nach der Gradenwitzschen Methode, so würde man mit geringer Mühe gleiche oder größere Genauigkeit der Ablesung erzielen können und vor allem den maßgebenden Einfluß der Konzentration der drei Bestandteile in voller Reinheit erkennen, während er aus dem Gradenwitzschen Kurvenblatt nicht ungeschminkt ersichtlich ist. Die Dreiecksmethode läßt zahlreiche weitere Anwendungen zu. Mathesius[1]) benutzt sie z. B. zur Darstellung der Schmelzpunkte von aus Kieselsäure, Kalk und Tonerde zusammengesetzten Schlacken. Weiter lassen sich gasanalytische Ergebnisse darstellen, z. B. bei Generatorgas, ferner der Verbrennungsvorgang und alle anderen Dinge, welche sich auf eine Gleichung $x + y + z = $ konst. zurückführen lassen. Koordinatenpapier in Dreiecksform befindet sich übrigens im Handel (z. B. Schleicher & Schüll, Düren, Rhld.). Bei dem Einblick in den Zusammenhang der gesetzmäßigen Beziehungen, welchen gerade das Gibbssche Dreieck so weitgehend gewährt, ist es übrigens leicht, für irgendeine in das Dreieck eingetragene Kurve zu übersehen, ob es vorteilhaft ist, sie für Sonderzwecke in rechtwinklige oder andere Koordinaten zu übertragen. Hingewiesen sei auch auf die vielfältigen Bequemlichkeiten, wenn man den Dreieckseiten passend gewählte Funktionsskalen zuordnet, wie das ja in bezug auf das spezifische Gewicht und den Ausschüttelungsfaktor an den gegebenen zwei Beispielen geschehen ist.

---

[1]) Die physikal. und chem. Grundlagen des Eisenhüttenwesens. Leipzig 1916.

9. „Experimentelle" Graphik.

Es ist vielleicht unangenehm aufgefallen, daß in den vorstehenden Abschnitten von mathematischen Entwicklungen der skizzierten graphischen Darstellungen nichts oder fast nichts zu lesen ist. Diese Unterlassung hat ihren Grund darin, daß diese mathematischen Ableitungen zum (allerdings kleinen) Teil vom Verfasser bei der Aufstellung der betr. Tafeln gar nicht, in den meisten Fällen aber erst hinterher zur eigenen Beruhigung vorgenommen worden sind.

Tatsächlich sind nämlich in der Regel solche Ableitungen durchaus nicht zur Herstellung der Tafeln erforderlich. Vielmehr bildet es ja gerade bei den Punktkoordinaten einen wesentlichen Vorteil, daß man mit ihrer Hilfe durch Einsetzen von Beispielswerten und Inter- und Extrapolieren gerade die Form der Kurve und die noch unbekannte mathematische Formel ermitteln kann.

Praktisch besteht vielmehr der bequemste Weg zur Auffindung der für irgendwelche Fälle geeignetsten Tafel in Skizzieren an Hand errechneter oder anders bekannter Beispielswerte (insbesondere „ausgezeichneter" Punkte), durch sorgfältiges Überlegen von Mannigfaltigcharakteren und Abhängigkeitsverhältnissen der vorliegenden Variablen, sowie in einem Vorgang, den man „graphisches Experimentieren" nennen kann. Er besteht darin, daß man an Hand der ersten Skizzen und mathetischen Überlegungen den ungefähren Charakter der Tafel auswählt (z. B. Gibbssches Dreieck mit übergebreitetem dreifaltigem Netz) und hiernach mit seinen Beispielswerten so lange experimentiert, bis man diejenige Form gefunden hat, in der die zunächst auftretenden komplizierten Kurven in einfache Linien — vorzugsweise natürlich Gerade — übergehen. So schwierig dieses Verfahren auf den ersten Blick zu sein scheint und so unbefriedigt der zünftige Mathematiker von seiner Anwendung berührt werden dürfte, so einfach und sicher gestaltet es sich nach kurzer Übung in den Händen von solchen, deren Liebe zur Mathematik, wie beim Verfasser, etwas einseitige Beschaffenheit hat. Die Reduktionsrechentafel S. 76 gibt ein typisches Beispiel für die erfolgreiche Anwendung dieser Methode selbst bei den in dieser Hinsicht sehr viel schwierigeren Linienkoordinaten und gar im Falle einer formelmäßig bislang nicht darstellbaren Funktion[1].

---

[1] Auch die von Köhler neuerdings (Z. V. D. I. 1919, S. 1097) angegebene komplizierte Formel ist nur eine Näherungsformel.

Additional information of this book

*(Beiträge zur graphischen Feuerungstechnik;
978-3-662-24475-3)* is provided:

http://Extras.Springer.com